Alexander Kugelstadt

Berufseinstieg Arzt

Alexander Kugelstadt

Berufseinstieg Arzt

Perfekt durchstarten

Mit 6 Abbildungen und 5 Tabellen

Schattauer

Dr. med. Alexander Kugelstadt
berufseinstieg@kugelstadt.eu

Bibliografische Information der Deutschen Nationalbibliothek
Die Deutsche Nationalbibliothek verzeichnet diese Publikation in der Deutschen Nationalbibliografie; detaillierte bibliografische Daten sind im Internet über http://dnb.d-nb.de abrufbar.

Besonderer Hinweis:
Die Medizin unterliegt einem fortwährenden Entwicklungsprozess, sodass alle Angaben, insbesondere zu diagnostischen und therapeutischen Verfahren, immer nur dem Wissensstand zum Zeitpunkt der Drucklegung des Buches entsprechen können.
In diesem Buch sind eingetragene Warenzeichen (geschützte Warennamen) nicht besonders kenntlich gemacht. Es kann also aus dem Fehlen eines entsprechenden Hinweises nicht geschlossen werden, dass es sich um einen freien Warennamen handelt.

E-Mail: info@schattauer.de
Internet: www.schattauer.de
Printed in Germany

Projektleitung: Ruth Becker M.A.
Lektorat: Dipl.-Päd. Dr. med. Martina Kahl-Scholz, Möhnesee
Umschlagabbildung: © Andres Rodriguez, www.fotolia.com
Satz: Stahringer Satz GmbH, Grünberg
Druck und Einband: Himmer AG, Augsburg

Auch als E-Book erhältlich:
ISBN 978-3-7945-6733-1

ISBN 978-3-7945-2902-5

Vorwort

Liebe Kollegin, lieber Kollege,

Sie halten den Leitfaden „Berufseinstieg Arzt – perfekt durchstarten" in Ihren Händen. Vielleicht haben Sie das Examen gerade hinter sich und planen Ihren Berufseinstieg, oder Sie befinden sich noch im Studium, bereiten sich aber gerne von langer Hand vor. Ebenso ist es möglich, dass Ihnen einer Ihrer Unterstützer ein Geschenk gemacht hat, um Sie in der aufregenden Lebensphase des Berufseinstiegs als Arzt zu stärken.

Ihre große Mühe mit dem Medizinstudium hat sich gelohnt: Man wartet da draußen bereits auf Sie. Viele Tausende freie Arztstellen sind in den deutschen Krankenhäusern zu besetzen. Aber: Der Arztberuf kann noch viel attraktiver werden, und Sie gestalten ihn ab sofort mit. Während die medizinische Technologie und das Arztgehalt in den vergangenen Jahren bereits ordentlich Wachstum zeigten, sind die Hierarchien auf den deutschen Betten-Stationen oft noch von antiquiertem Charme.

Nun sind Ärzte ein genügsames Völkchen, und die historische Überlieferung, man könne froh sein, wenn man als Arzt eine Arbeit gefunden hat und möge sich schön hinten anstellen, keine frechen Fragen stellen und den medizinischen Ansichten des Chefarztes stets Glauben schenken, hält sich hartnäckig.

Dabei sind wir längst da. Wir sind die „Ärzte der Generation Y"[1], wie Krankenhaus-Betriebswirtschaftler uns nennen. Sie fürchten uns, weil wir dabei sind zu verstehen, dass der „alte Arzt" ausgedient hat. Wir wollen Ausgewogenheit zwischen Arbeit und Freizeit, wollen partnerschaftlich und nicht hierarchisch mit Patienten und Kollegen arbeiten, möchten in Ruhe forschen und uns über empirisch gesicherte Medizin weiterbilden. Wir möchten nicht bis zur Erschöpfung Dienste und Überstunden abreißen. Und wir können das so machen, denn es gibt keine anderen Ärzte.

Zu Ihrer Entscheidung, dem Berufsstart eine besondere Aufmerksamkeit zu schenken, möchte ich Ihnen deshalb gratulieren. Vergessen Sie aber nicht, die Approbation richtig zu feiern, bevor Sie sich in diesem Buch weiter vorarbeiten – Papier ist geduldig (das gilt ab jetzt übrigens auch für die Arztbriefe).

1 „Generation Y" beschreibt die Generation der ab 1980 geborenen Ärzte.

Ziel des Buches

Den schönsten und vielseitigsten Beruf der Welt haben Sie bereits, ab jetzt kommt es darauf an, was Sie daraus machen. Dass Sie Überdurchschnittliches leisten können, haben Sie bereits bewiesen – ob im Reform-/Modellstudiengang oder als „Normalo“: Die Vorklinik, das klinische Studium, unzählige Kurse, Praktika, Famulaturen und schließlich das Praktische Jahr – dazu jede Menge Prüfungen – haben Sie erfolgreich abgeschlossen.

Mit dem Austritt aus dem Studentenstatus und dem Übergang in die Berufstätigkeit sowie durch die Verantwortungsübernahme als approbierter Arzt, kommen jede Menge neue organisatorische Fragen auf Sie zu: Was sind ab jetzt neue Rechte und Pflichten? Wo kann ich meine Stärken einbringen? Wie plane ich die Facharztweiterbildung? Was sind nun überhaupt die ersten nötigen Schritte nach dem Examen?

Keine Sorge! Dieser Leitfaden wird Ihnen helfen, Schritt für Schritt alles abzuarbeiten – und vorauszuplanen. Ab jetzt gilt die Devise „Wenn Du es nicht machst, macht es keiner“. Während in der Uni außer Ihnen auch viele Menschen um Sie herum bemüht waren, viel in Ihre Ausbildung zu investieren, werden es ab jetzt vornehmlich Sie selber sein. Die Interessen Ihrer Patienten, Ihres Chefs und des Krankenpflegepersonals werden oft im Gegensatz zu dem stehen, was für Ihre Ärztliche Weiterbildung und Ihre Work-Life-Balance gerade günstig ist. Es wird nötig sein, zwischen den vielen Einflüssen, die auf Sie einwirken, angemessen abzuwägen.

Auf jeden Fall sollten Sie Ihre ganz persönlichen Ziele entwickeln und langfristig im Auge behalten – sonst legen andere den Kurs fest, und Sie kommen nie dort an, wo Sie hin wollen. Beim Einstieg in den Arztberuf und der nun anstehenden Weiterbildung gibt es nämlich einige Fallstricke, von denen Ihnen dieser Leitfaden hoffentlich den einen oder anderen ersparen kann.

Das Wichtigste jedoch ist: Die Arbeit als Arzt kann richtig Spaß machen!

Arbeit mit dem Leitfaden

In den folgenden Kapiteln möchte ich Ihnen so umfangreich wie nötig und so präzise wie möglich Informationen zu den anstehenden diversen Ereignissen und Formalitäten geben, aber auch auf eigene Erfahrungen sowie die Informationen aus unzähligen Gesprächen mit Kolleginnen und Kollegen aus sechs Jahren Berufserfahrung zurückgreifen. Aufgrund der Endlosigkeit von relevanten Themen wird es zu einigen Aspekten des Arztberufes im Buch (z. B. alternative Berufsfelder) lediglich Denkanstöße und Impulse geben, die Sie bei Interesse selber vertiefen können.

Im Buch finden Sie wichtige Praxistipps, die mit „!“ gekennzeichnet sind und Kästen mit der Überschrift „CAVE“, wenn Sie etwas unbedingt beachten sollten. Zudem habe ich Ihnen umfangreichere Informationen in Checklisten und zu besonders interessanten Themen einige Hintergrundinformationen vermerkt. Zu bestimmten Inhalten gibt es zusätzlich Verweise auf die genannten Homepages (zuletzt abgerufen am 01.03.2014), damit Sie nicht lange danach suchen müssen, wenn Sie sich für nähere Informationen interessieren. Am Ende jeden Kapitels finden Sie noch einmal alles Wichtige – „Auf einen Blick".

Natürlich müssen Sie nicht das ganze Buch von vorne bis hinten lesen: Es lassen sich kapitelweise die wichtigen Schritte separat abarbeiten. Falls Sie Informationen zu einem bestimmten Stichwort suchen, kann Ihnen das Sachverzeichnis am Ende des Buches sicher weiterhelfen. Im Anhang finden Sie eine Liste aller 33 medizinischen Fachgebiete in Deutschland mit Informationen zur Weiterbildungsordnung inklusive aller regionalen Besonderheiten. Diese Zusammenstellung soll Ihnen eine unverzichtbare Hilfe sein, wenn Sie sich bundesweit um Ihre erste Stelle bewerben und die jeweils gültigen Weiterbildungsbedingungen für Ihr Wunschfach vergleichen möchten.

Eventuell sind auch Tipps oder Ideen im Text vorhanden, die nicht zu Ihnen passen oder Ihnen nicht zielführend erscheinen. Das soll Sie nicht irritieren, sondern ist der persönlichen Note und Authentizität geschuldet, die ich in anderen Büchern zum Berufseinstieg als Arzt vermisst habe. Zum Beispiel könnte es sein, dass Sie sagen: „Eine vernünftige Mittagspause ist in meiner Klinik einfach nicht drin." Diese Situation kann ich gut nachvollziehen. Der „Berufseinstieg Arzt" steht dennoch für ausreichende Pausen – Gründe dagegen werden Sie im Alltag sowieso genügend finden!

An vielen Stellen beziehe ich mich vor allem auf Arbeitssituationen im Krankenhaus, da die meisten von Ihnen ihre berufliche Laufbahn in der Klinik beginnen. Häufig habe ich auch versucht, die Besonderheiten in einer Praxis zu erfassen. Manchmal habe ich es aber bei der Bezeichnung „Chefarzt" belassen und nicht immer wieder „oder Praxisbetreiber" dazugeschrieben, obwohl oft das Gleiche für den ambulanten Bereich gilt.

Ebenso habe ich mich im gesamten Buch für die geschlechtsneutrale Form „Arzt" entschieden, meine aber natürlich alle Ärztinnen und Ärzte gleichermaßen herzlich damit und bitte um Ihr Verständnis.

Sollten Ihnen bei der Lektüre des Buches oder bei der Arbeit vor Ort Fragen, Anregungen oder Ergänzungen zum „Berufseinstieg Arzt" auf der Zunge brennen, zögern Sie bitte nicht, mich unter berufseinstieg@kugelstadt.eu zu kontaktieren.

Viel Spaß bei der mentalen und organisatorischen Vorbereitung auf eine spannende Zeit – Ihre erste Zeit als Arzt. Alles Gute und viel Glück wünscht Ihnen Ihr

Alexander Kugelstadt

Danksagung

Mein besonderer Dank gilt dem gesamten Schattauer Verlag für die stets kompetente und freundliche Betreuung, vor allem meiner Projektleiterin Ruth Becker, den Interviewpartnern Sebastian, Kerstin, Sven, Maria und Karl Phillip, meinen medizinischen Lehrern, vielen ärztlichen Kollegen und Freunden sowie meiner lieben Familie, ohne die dieses Buchprojekt nicht möglich gewesen wäre.

Danke!

Inhalt

1 „Schwellensituation" Berufseinstieg

Für jeden ist der Übergang von Schule oder Studium in die berufliche Tätigkeit eine Schwelle, die überwunden werden muss und schon im Vorfeld verschiedene Fragen aufwirft:
- Was sollte mir mein Arbeitsplatz bieten?
- Welche Rechte und Pflichten habe ich gegenüber meinem Arbeitgeber?
- Verdiene ich genug?
- Was ist, wenn ich kündigen möchte?

Bei Ihnen jedoch kommen zu diesen jedermann betreffenden Fragen arztspezifische Themen hinzu, die beantwortet werden wollen:
- Welche Fachrichtung entspricht meinen Vorstellungen?
- Möchte ich Kliniker oder Forscher werden?
- Welche Gehaltsvorstellungen sind realistisch?
- Wie bin ich abgesichert, wenn ich als junger Arzt Fehler mache?
- Was ist, wenn ich medizinisches Wissen aus dem Studium nicht mehr erinnere?
- Ist mein Chef auch für meine Weiterbildung zuständig?

Sie sind nicht nur im Übergang vom Studenten zum Arbeitnehmer, sondern auch vom Medizinstudenten zum Arzt. Dies wirft schon – abgesehen von allen Fragen zum Arbeitsverhältnis – reichlich formale, rechtliche und soziale Fragen auf. Ihre **vier Baustellen**, die es in der nächsten Zeit zu bewältigen gilt, lauten:
1. Verantwortungsübernahme als approbierter Arzt (formal-rechtlich sowie emotional)
2. Suche des richtigen Arbeitgebers
3. Angestellter sein
4. Organisation Ihrer Ärztlichen Weiterbildung (oder anderen beruflichen Weiterentwicklung)

Mit dem abgeschlossenen Medizinstudium und der ärztlichen Approbation ist die Planung Ihrer beruflichen Laufbahn nicht zu Ende. Erst jetzt haben Sie die „Qual der Wahl", sich für ein Ziel zu entscheiden. Dann müssen Sie noch in Erfahrung bringen, welche individuellen Schritte nötig sind, um diesem Ziel so schnell wie möglich näher zu kommen. Vielleicht wollen Sie zunächst einen bestimmten Weg einschlagen, sich aber die Option auf einen späteren Kurswechsel vorbehalten.

Klassische Arzt-Karrieren, die Sie anstreben können, gibt es nämlich einige:
- den **Krankenhausarzt** – zunächst Assistenzarzt, später zum Oberarzt ernannt, irgendwann vielleicht sogar Chefarzt,

- den **forschenden Arzt** mit der typischen Universitätslaufbahn – häufig gekennzeichnet durch eine „Tripletätigkeit" in der Forschung, der Lehre sowie zusätzlich in der klinischen Versorgung,
- den **niedergelassenen Praxisarzt** mit „Kassensitz" oder in einer reinen Privatpraxis,
- den **Arzt in der Industrie**, z. B. im Arzneimittel- oder EDV-Unternehmen, wo er u. a. als Prüfarzt für Medikamentenstudien oder als medizinischer Informatiker tätig sein kann.

Natürlich gibt es viele weitere Einsatzmöglichkeiten für Ärzte wie z. B. in Fachverlagen, Gesundheitsämtern, der Humanitären Hilfe und der Unternehmensberatung.

Wo Sie auch beginnen, es gibt wichtige Formalien zu bedenken, um die es im Folgenden (► Kap. 2) geht. In den darauffolgenden Kapiteln geht es um den Berufseinstieg als klassisch kurativ tätiger Arzt – also Arzt im Krankenhaus oder in der Praxis. Die Arbeitsmarktsituation ist grandios, Sie können machen, was Sie möchten und finden wahrscheinlich zeitnah eine Stelle, wenn Sie ein wenig flexibel sind.

Beachten Sie, dass es für Sie ab jetzt ein wichtiges Ziel gibt, wenn Sie die klassische Arztlaufbahn beginnen: **Facharzt werden**. Es gibt in der klinischen Medizin kein Vorankommen und keine Weiterentwicklung, wenn Sie nicht die Facharztbezeichnung Ihres Wunschgebietes erwerben. Ich erwähne das hier bereits so deutlich, da dieses kleine, wichtige Ziel im klinischen Alltag, in dem es vornehmlich um eine gute Patientenversorgung geht, gerne vergessen wird. Leider kümmert sich ab jetzt niemand um Ihre Weiterbildungsbelange, wenn Sie es nicht selber tun. Da es, je nach Fachgebiet, zwischen vier und sechs Jahre dauert, bis Sie alle Weiterbildungsinhalte zusammen haben und sich zur abschließenden Facharztprüfung anmelden können, lohnt es sich ab heute, konkret zu planen: „**Ärztliche Weiterbildung**" heißt das Zauberwort.

! Wenn Sie mit einer klassischen Arztlaufbahn beginnen möchten, beschäftigen Sie sich ab sofort mit der jeweiligen Weiterbildungsordnung (WBO) der Ärztekammer (► Kap. 2.2.2). Sie finden sie online bei Ihrer zuständigen Landesärztekammer oder im Anhang zusammengefasst mit den wichtigsten Punkten im Überblick.

Es gibt noch eine wichtige Neuerung, sobald Sie in den Beruf einsteigen: Sie verdienen Geld – und das nicht schlecht. Heute bekommt ein ärztlicher Berufseinsteiger im Krankenhaus (am Beispiel des Tarifvertrages „TV Ärzte Tdl" der deutschen Universitätsklinken, seit 1. März 2014) 4.219,62 € brutto (d. h. vor allen anfallenden Abzügen).

! Wenn Sie Gehälter verschiedener Arbeitgeber vergleichen, gewöhnen Sie sich die „Einheit" **Bruttojahresgehalt** an – alles andere ist wegen eines eventuellen 13. Gehalts und individuell unterschiedlicher Steuerabzüge, Krankenversicherungen etc. ungenau.

Das bedeutet ein Jahresgehalt von 50.635,44 €, was an vielen deutschen kommunalen Krankenhäusern und privaten Klinikkonzernen in ähnlicher Höhe angesiedelt ist – dank der über den Marburger Bund geschlossenen Tarifverträge. Die Gehälter waren noch vor zehn Jahren nicht einmal halb so hoch, bis ab 2004 die Ärzte „aufgestanden" sind und bessere Arbeitsbedingungen sowie höhere Gehälter gefordert und in Zusammenarbeit mit der Ärztegewerkschaft Marburger Bund viel erreicht haben. Insbesondere eine deutlich höhere Vergütung wurde von den Ärzten gegenüber den Klinikbetreibern durchgesetzt. Auch kommen die Kliniken nicht mehr damit durch, in rauen Mengen unbezahlte Überstunden einzufordern oder durch stark befristete Verträge kaum Sicherheit anzubieten. Es ist sinnreich zu fragen und sich umzusehen, was Ihnen ein potenzieller Arbeitgeber bietet. Natürlich gibt es noch viel an der Arbeitssituation für junge Ärzte im Krankenhaus zu verbessern. Es lohnt sich also, sich berufspolitisch zu engagieren!

! Die Arbeitssituation der in den Kliniken tätigen Ärzte hat sich bereits verbessert: Eigene Ansprüche zu formulieren und Arbeitsbedingungen „abzuchecken", ist heute normal – Sie müssen sich nicht hinten anstellen!

Auf einen Blick

1. Nehmen Sie sich die Zeit, um für sich in Ruhe zu entscheiden, in welchem Bereich Sie tätig werden wollen: im Krankenhaus, in der Praxis, in der Forschung oder Industrie?
2. Beschäftigen Sie sich eingehend mit den Weiterbildungsordnungen der von Ihnen präferierten Fachrichtungen.
3. Ein weiterer Aspekt, dessen Beachtung sich im Vorfeld lohnt, sind die „Tarifverträge" – was steht Ihnen zu?
4. Sich selbst zu engagieren ist immer eine Möglichkeit, die eigenen Arbeitsbedingungen zu verbessern.
5. Generell befinden Sie sich in einer günstigen Situation: Ärzte werden gesucht; Veränderungen sind machbar.

Quellen

Marburger Bund (www.marburger-bund.de)

2 Vorbereitung

2.1 Die erfolgreiche Ärztliche Prüfung

2.1.1 (Neuer) Zweiter Abschnitt

Wenn Sie dieses Buch in Ihren Händen halten, heißt dies nicht automatisch, dass Sie die Prüfung nach der alten Approbationsordnung oder den neuen Zweiten und Dritten Abschnitt der Ärztlichen Prüfung bereits hinter sich haben. Vielleicht planen Sie gerade die „heiße" Lernphase oder stecken mittendrin. Wahrscheinlich haben Sie schon einen Plan, wie Sie auch die letzte Hürde erfolgreich meistern werden. Ich möchte dennoch einige Informationen zur Examensvorbereitung zusammenfassen, wobei natürlich jeder Einzelne seine ganz individuelle Strategie finden und anwenden muss.

Hintergrund

Die bisher geltende **Approbationsordnung für Ärzte (ÄAppO)** ist im Jahre 2003 in Kraft getreten und gilt für Studenten, die ab Wintersemester 2003/04 mit dem Medizinstudium begonnen haben. Die ÄAppO beschreibt die Ausbildung zum Arzt und legt u. a. die Dauer der Ausbildung, die Inhalte sowie Pflichtpraktika (Famulaturen und Blockpraktika) fest. Zudem beinhaltet die ÄAppO Bedingungen für die Staatsexamen der Humanmedizin.

Durch die „Erste Verordnung zur Änderung der Approbationsordnung für Ärzte vom 17. Juli 2012" sollen nun mehr Praxisnähe und an moderne Methoden und Erkenntnisse angepasste Inhalte vermittelt werden (z. B. durch mehr Seminare, problemorientiertes Lernen [POL], Bedside-Teaching, eine Pflichtfamulatur in der Allgemeinmedizin sowie Prüfungen in allen Fächern) und Einführung des Faches „Ärztliche Gesprächsführung".

Es wurden u. a. auch folgende, wichtige formale Änderungen der ÄAppO vorgenommen:

- Ab 2014 wird der ehemals „schriftliche Teil" der Zweiten Ärztlichen Prüfung vor dem Praktischen Jahr (PJ) stattfinden (um die Konzentration auf die klinische Tätigkeit während des PJs besser zu ermöglichen).
- Der ehemals mündliche Teil wird zum „Dritten Abschnitt der Ärztlichen Prüfung", liegt nach dem PJ und wird 2015 erstmals durchgeführt. Die Prüfungen sollen fallbezogen und klinisch orientiert sein.
- Seit 2013 können Krankenhäuser zur Absolvierung des PJs freier gewählt werden, und es besteht keine Beschränkung mehr auf die Lehrkrankenhäuser der eigenen Universität.

- Das PJ kann nun vereinfacht (nach Anmeldung im Dekanat der Uni) in Teilzeit durchgeführt werden, um den Spagat zwischen Familie und Beruf besser meistern zu können. Die möglichen Fehltage werden von 20 auf 30 erhöht.

Es besteht weiterhin die Möglichkeit für Modellstudiengänge, die z. B. für die erste Ärztliche Prüfung alternative Prüfungsformen beinhalten können. Diese gibt es aktuell in Aachen, Berlin, Bochum, Düsseldorf, Hamburg, Hannover, Köln, Mannheim, Oldenburg und Witten/Herdecke.
Quelle: Bundesministerium für Gesundheit (www.approbationsordnung.de)

Ratsam ist es, in der **finalen Lernphase** vor den schriftlichen Prüfungstagen, die einige Wochen bis zu etwa fünf Monate dauern kann, **andere Verpflichtungen** – soweit möglich – **zu begrenzen**. Dies gilt natürlich nur für Belastungen und Aufgaben, die vielleicht dem besten Freund, dem Partner oder den Eltern aufgebürdet werden könnten, wie z. B. Pflege eines Haustieres. Ein bisher finanziell unverzichtbarer Nebenjob kann in dieser Ausnahmesituation vielleicht pausiert werden. Ein **ordentlicher Arbeitsplatz** zum Lernen, an dem nicht die vielleicht üblichen Postsammlungen oder Vorlesungsmitschriften „durcheinanderfliegen", kann sehr hilfreich sein. Es sollte, je nach Präferenz, ein Zugang zu Examen online (examenonline.thieme.de/eonline/), den viele Universitäten frei zur Verfügung stellen, oder Alternativen organisiert werden. Außerdem sollten die bevorzugten Kurzlehrbücher griffbereit sein. Wenn zusätzlich ein **Lernplan** angefertigt wird, auf dem es einen „Tag 1" des Lernmarathons gibt, wird deutlich: Ab heute ist etwas anders, der Endspurt hat begonnen. So entwickeln wir deutlich besser ungeahnte Motivation und Ausdauer als wenn das Semester ohne Aufsehen oder bewusste Veränderung in die Examensvorbereitung übergeht. Untermauert werden kann dieser Effekt auch noch mit einem kleinen Urlaub oder einem „Heimatbesuch", auf dem gar nichts gelernt oder vorbereitet wird – um dann ausgeruht durchzustarten.

! Ein Urlaub nach Ende des letzten Semesters vor dem Übergang in das Examenslernen kann Ihnen noch etwas mehr Kraft zum anschließenden Durchstarten geben!

Der erwähnte Lernplan sollte beinhalten, wie viele Tage Sie zur Verfügung haben und wie Sie die verschiedenen Fächer auf die Tage aufteilen. Einige machen einen Tag in der Woche frei oder sogar jedes Wochenende. Auch für die „Lebenskünstler" unter den Medizinstudenten empfiehlt es sich, einen Plan anzufertigen, der durchaus grob gefasst sein kann. Wenigstens hat man dann jedoch einen Lernleitfaden, von dem man zwar auch abweichen kann, aber durch den man auch im Blick behält, was man aufholen oder weglassen muss. Eine Besonderheit bei der Vorbereitung zur Zweiten Ärztlichen Prüfung ist nämlich, dass der Stoff unerschöpflich ist. Das heißt, man wird niemals fertig – im eigentlichen Sinne – sein. Daher sollten z. B. kleine Fächer, die nach einer gewissen

Lerndauer beim Kreuzen noch nicht zufriedenstellende Ergebnisse bringen, dennoch „abgeschlossen“ und im Lernplan fortgeschritten werden.

! Mit dem Lernstoff der „gesamten Medizin" ist man niemals fertig. Deshalb empfiehlt sich unbedingt ein Lernplan, um sich nicht zu verzetteln!

Günstig erscheint es vielen Examensteilnehmern, am Beginn eines Lerntages mit dem „Kreuzen“ eines Examens oder dem Durchgehen der Fragen zum aktuellen Lernfach zu beginnen. So kann man über die Zeit immer deutlicher einen Lernerfolg messen. Dann folgt für die Meisten eine theoretische Arbeit mit Lerntexten und am Nachmittag wieder das „Kreuzen“, wobei zwischendurch auch mal ein ganzer Examenstag geprüft werden sollte, um den allgemeinen Lernfortschritt zu beobachten und sich ein Stück weit einschätzen und ggf. beruhigen zu können.

Über Kommilitonen oder die Fachschaft kann man sich die neuesten Examen der vorausgegangenen Jahrgänge besorgen (die jeder nach der 2. ÄP behalten darf) und eine Art „Generalprobe“ veranstalten, z. B. mit der gleichen Zeitvorgabe wie beim echten Examen. Die Ergebnisse können hinterher mit denen auf der Homepage des IMPP (www.impp.de) verglichen und der eigene Erfolg bzw. Lernfortschritt ermittelt werden. Dieses Vorgehen kann Sicherheit geben und zum Weiterlernen motivieren.

Übrigens empfehlen sich beim Lernen an Texten wie auch beim „Kreuzen“ feste **Pausenzeiten**, in denen man den Schreibtisch verlässt, kurz in die Küche oder an die frische Luft geht. Das Gefühl fertig zu sein wird sowieso niemals kommen.

! Machen Sie Pausen, an denen Sie den Schreibtisch verlassen. Sie können jetzt schon das spätere „Pausenmachen" als Arzt trainieren! Pausen sind nötig, um wieder konzentriert weiterarbeiten zu können!

Bei der zuständigen Landesbehörde muss man sich rechtzeitig zum Zweiten Abschnitt der Ärztlichen Prüfung anmelden. Einigen kann es etwas Beruhigung bringen, den Prüfungsort vorher schon einmal aufzusuchen und sich vorzustellen, dort zu sitzen und die Prüfung zu schreiben. So wird die Prüfungssituation vorher schon besser visuell vorstellbar und die Angst vor dem „Unbekannten“ geringer. Am Vortag der Prüfung lernen viele nicht mehr. Dadurch, dass das Lernen durch Kreuzübungen teilweise assoziativ und nicht Auswendiglernen im eigentlichen Sinne ist, kann man annehmen, dass das assoziative Gedächtnis dann Informationen besser „abrufen“ kann, als wenn es mit „frischen“ Fakten überladen ist.

! Der neue Zweite Abschnitt der Ärztlichen Prüfung (nach der ÄAppO 2012) findet an **drei aufeinander folgenden Tagen** statt und dauert jeweils **fünf Stunden**. Es wird nur schriftlich geprüft. Bestanden ist der Abschnitt, wenn im **Schnitt 60 % aller Multiple-Choice-Fragen** richtig beantwortet werden oder der Prüfling **die durchschnittlichen Prüfungsleistungen** der in Regelzeit studierenden Kommilitonen um nicht mehr als **22 %** unterschreitet.

2.1.2 (Neuer) Dritter Abschnitt

Der mündliche Teil wird je nach Universität recht unterschiedlich gestaltet und sollte fallbezogen sowie klinisch-praktisch ausgerichtet sein. Die Anmeldung erfolgt praktischerweise in einer Gruppe von Kommilitonen, sodass man einerseits in der Fächerkombination geprüft werden, andererseits vorher zusammen lernen kann.

Entsprechend empfiehlt es sich, mehrere Treffen mit der **Lerngruppe** als Vorbereitung für die Prüfung zu planen. Sie werden merken, dass beim mündlichen Teil etwas ganz anderes gefordert ist, als beim Multiple-Choice. Es ist sehr wichtig, immer wieder Inhalte vor den anderen Mitgliedern der Lerngruppe zusammenzufassen und viel zu sprechen – auch wenn es anstrengend ist. Durch die Beschaffenheit des Zweiten Abschnittes der Ärztlichen Prüfung, bei dem vornehmlich Fakten abgefragt werden, kann es wieder ungewohnt sein, zusammenhängend auf Fragen antworten und nicht nur Fragmente abliefern zu müssen. Wenn Sie allerdings bereits das Praktische Jahr zwischen der schriftlichen und der mündlichen Prüfung absolvieren, werden Sie gerade im klinischen, fallbezogenen Denken gut geübt sein.

! Für die mündlichen Examensprüfungen sollten Sie unbedingt freies Sprechen über medizinische Themen in der Lerngruppe und im PJ üben!

Oftmals wird erwartet, einzelne Symptome, Mechanismen oder Befunde in einen großen Zusammenhang einzuordnen und praktische Vorgehensweisen überblicken zu können. Hier hilft es sicherlich, an Fälle oder Situationen aus dem Praktischen Jahr zu denken, um sich in eine praxisnahe Frage hineinzudenken.

Je nach Zusammensetzung der Prüfer, die sich teilweise untereinander auch nicht immer schätzen, kann die Situation in den mündlichen Prüfungen von entspannt bis angespannt reichen. Es empfiehlt sich, vorher von der jeweiligen Hochschule, oftmals erhältlich über den AStA oder die Fachschaft, **Prüfungsprotokolle** vorausgegangener Prüfungen zu besorgen und die Lerninhalte auf die jeweiligen präferierten Prüfungsthemen oder Schwerpunkte der Prüfer abzustimmen. Ebenso ist es an vielen Unis üblich, sich einen Vorgesprächstermin bei den jeweiligen Prüfern geben zu lassen und zu hoffen, dass die Themengebiete eingegrenzt werden – was nicht selten auch der Fall ist.

Wichtig ist, falls Sie den Eindruck bekommen, dass unverhältnismäßig geprüft oder benotet wird, dies am Ende des zweiten Tages bei der Notenbesprechung mitzuteilen und Ungereimtheiten bzgl. der Zusammensetzung der Noten aus den vier verschiedenen Fächern gleich aus der Welt zu räumen. Zu bedenken ist dabei, dass viele Prüfer als Vertreter des jeweiligen Klinikdirektors / Chefarztes geschickt werden und ggf. nicht viele Erfahrungen mit Staatsexamensprüfungen haben, also deren Erwartungshorizont und Bewertungsmaßstäbe nicht einschätzen können oder verinnerlicht haben.

! Auch der Dritte Abschnitt der Ärztlichen Prüfung gilt als bestanden, wenn Sie ein „ausreichend" oder eine bessere Note erreicht haben. Die **Gesamtnote** des Medizinexamens errechnen Sie, indem Sie den Ersten Abschnitt der Ärztlichen Prüfung zweifach und den Zweiten und Dritten Abschnitt fünffach addieren und die Summe durch 12 teilen – es zählen zwei Nachkommastellen.

2.2 Endlich Arzt – erste Schritte

2.2.1 Approbation

Es ist wichtig zu wissen, dass mit dem Bestehen der letzten Ärztlichen Prüfung **nicht automatisch die Berufserlaubnis** vorliegt. Das heißt, wer in Deutschland als Arzt arbeiten möchte, muss die s. g. Approbation beim zuständigen Verwaltungsamt beantragen. Mit Erhalt der Approbation bestätigen Sie, den **Inhalt der Bundesärzteordnung (BÄO)** zu kennen, einem Bundesgesetz, das Bestimmungen zur Berufsausübung unter der Berufsbezeichnung Arzt sowie zu dessen Zulassung etc. enthält. Im ersten Paragraph der BÄO heißt es:

> **Bundesärzteordnung**
> I. Der ärztliche Beruf
> § 1
> (1) Der Arzt dient der Gesundheit des einzelnen Menschen und des gesamten Volkes.
> (2) Der ärztliche Beruf ist kein Gewerbe; er ist seiner Natur nach ein freier Beruf.
>
> *Bundesärzteordnung, www.gesetze-im-internet.de/bundesrecht/b_o/gesamt.pdf*

Checkliste

Folgende **Bedingungen** müssen laut § 3 (1) der BÄO zusammengefasst erfüllt sein, damit die Approbation als Arzt in Deutschland erlangt werden kann:

- Keine Schuldigkeit, aus der sich Unwürdigkeit oder Unzuverlässigkeit zur Ausübung des ärztlichen Berufs ergibt
- Gesundheitliche Eignung
- Abgeschlossenes Medizinstudium
- Ausreichende Deutschkenntnisse zur Berufsausübung

Laut der BÄO erteilt die zuständige **Behörde des Landes**, in dem der Antragsteller die **Ärztliche Prüfung abgelegt** hat, die Approbation. Da es in den deutschen Bundesländern verschiedene Zuständigkeiten für die Approbationserteilung gibt, lauten die Ansprechpartner bundeslandspezifisch unterschiedlich.

! Die Bundesärztekammer hat die Behörden, die regionsspezifisch für die Erteilung der Approbation zuständig sind, unter www.bundesaerztekammer.de/downloads/Approbationsbehoerden20130225.pdf zusammengefasst.

Mit einem Studienabschluss der Medizin, der im **Ausland** erworben wurde, kann in Deutschland auch die Approbation beantragt werden. Es wird dann von der zuständigen Behörde die Gleichwertigkeit mit einem deutschen Mediziner-Abschluss überprüft. Alternativ kann eine befristete Berufserlaubnis für bis zu zwei Jahre ausgestellt werden. Lassen Sie sich mit Ihren Zeugnissen und allen Unterlagen bei der zuständigen Landesbehörde beraten!

! Ärzte aus dem Ausland, die in Deutschland arbeiten möchten, finden weitere Informationen auf den Seiten des Bundesministeriums für Bildung und Forschung unter www.anerkennung-in-deutschland.de/html/de/arzt_aerztin.php.

Erst nach Erteilung der Approbation ist man vor dem Gesetzgeber Arzt und darf sich so bezeichnen oder beispielsweise **Rezepte ausstellen** und **Impfungen durchführen**.

Da für die Ausstellung der Approbationsurkunde einige Formulare und Bescheinigungen benötigt werden, empfiehlt es sich, die Unterlagen **frühzeitig** zusammenzusuchen bzw. anzufordern.

Zunächst muss ein **formloser Antrag** auf Erteilung der Approbation formuliert werden. In einigen Bundesländern geben die Verwaltungsämter dafür vorgedruckte Formulare heraus, die auf den entsprechenden Webseiten heruntergeladen werden können (www.bundesaerztekammer.de/downloads/Approbationsbehoerden20130225.pdf).

Zudem wird meist ein lückenloser und kurz gefasster **Lebenslauf mit Unterschrift** und Datum erwartet. Dieser muss nicht den Umfang einer Vita in Bewerbungen haben, Ihre Prüfungsleistung ist schließlich schon erbracht.

Ein gültiger **Staatsangehörigkeitsnachweis** wird verlangt, wozu sich eine beglaubigte Kopie des Personalausweises oder des Reisepasses am besten eignet. Eine **Geburts- oder Abstammungsurkunde** ist dem Antrag ebenfalls beizulegen sowie ggf. eine **Heiratsurkunde**, wenn der aktuelle Familienname von dem Namen in der Geburtsurkunde abweicht.

Auch ein Nachweis über Straffreiheit muss der Beantragung der Approbation beiliegen. Dazu muss der angehende Arzt erklären, dass er nicht vorbestraft ist und dass derzeit gegen ihn kein Strafverfahren sowie kein Ermittlungsverfahren geführt wird. Um auf „Nummer sicher" zu gehen, lassen sich die Ämter dann noch ein **polizeiliches Führungszeugnis der Belegart „0"** vorlegen, das beim zuständigen Einwohnermeldeamt gegen eine Gebühr von derzeit 13 € bestellt werden kann und nach etwa 2–3 Wochen nach Hause oder an die gewünschte Stelle geschickt wird. Dieses Führungszeugnis kann **schon während der Examensvorbereitung** angefordert werden, um später zügig die Approbation zu erhalten. Zu guter Letzt wird ein **ärztliches Attest** verlangt, das bescheinigt, dass der Proband (so werden ärztliche Anwärter vor dem Gesetz genannt) in gesundheitlicher Hinsicht zur ordnungsgemäßen Ausübung des ärztlichen Berufes geeignet ist. Auch hierfür gibt es meistens bei der Verwaltungsbehörde Vordrucke im Internet. Dieses Attest darf nicht älter als einen Monat sein und nicht von Familienangehörigen ausgestellt werden. Ansonsten kann jeder approbierte Arzt eine Bescheinigung dieser Art anfertigen.

Ist jemand besonders fleißig und hält bereits seine **Promotionsurkunde** in den Händen, kann diese in beglaubigter Kopie mitgeschickt werden, sodass der Doktortitel mit auf der Approbation erscheint.

! Fremdsprachige Unterlagen können direkt um amtlich beglaubigte Übersetzungen ergänzt werden, um Verzögerungen zu vermeiden.

Die Unterlagen werden dann an die zuständige Behörde (s. Link zur Bundesärztekammer oben) geschickt, und nach etwa zwei bis drei Wochen erhält man seine ersehnte Approbation. In einigen Bundesländern, wie in Berlin, ist die Beantragung der Approbation auch online möglich, wobei die benötigten Dokumente per Brief nachgesendet werden müssen. Leider wird dem DIN-A4-Umschlag mit der Approbation eine Rechnung, je nach Bundesland über 80 bis 220 €, beigelegt.

Checkliste

Dokumente zur Beantragung der Approbation

- Formloser Antrag oder Vordruck der Behörde, ggf. Online-Formular
- Tabellarischer Lebenslauf
- Ggf. Heiratsurkunde / Namensänderungsurkunde
- Kopie des Personalausweises / Passes
- Amtliches Führungszeugnis
- Bestätigung, dass kein Strafverfahren anhängig ist
- Ärztliche Bescheinigung (über gesundheitliche Eignung zum Arzt)
- Ggf. Promotionsurkunde

(Alle erforderlichen Unterlagen als Original oder beglaubigte Kopie, ggf. mit deutscher Übersetzung)

2.2.2 Ärztekammer

Die Ärztekammern der Bundesländer sind die Organe der **Selbstverwaltung** der deutschen Ärzte. Es gibt in Deutschland außer den Ärzten auch andere Berufsgruppen wie Rechtsanwälte, Apotheker und Architekten, die in den Fragen ihrer Berufsausübung und ihrer ethischen und rechtlichen Rahmenbedingungen keiner Behörde unterstellt sind.

Die mit dem Berufsstand der Ärzte verbundenen Aufgaben werden als so komplex und wichtig betrachtet, dass sie nicht in die Hand einer Behörde gegeben werden können.

Hintergrund

Bereits 1685 wurde auf Bitten der Ärzte, die bisher untereinander nicht organisiert waren, ein **„Collegium Medicum"**, eine Art Medizinbehörde, gegründet. Sie regelte Rechte und Pflichten der Heilberufe untereinander und gab Richtlinien zur Approbation, Ausbildung sowie zur Gebührenordnung vor. Nach der Reichsgründung 1872 schloss sich die Ärzteschaft zu Standesorganisationen zusammen und gründete den **Deutschen Ärztetag**. Nach einem massiven Bruch und der Gleichschaltung im Nationalsozialismus gründeten sich die Ärztekammern ab 1945 neu. Erst seit 1990 ist das Prinzip der ärztlichen Selbstverwaltung und Einbeziehung der Bundesländer der ehemaligen DDR in ganz Deutschland umgesetzt. Die Bundesärztekammer stellt den Spitzenverband der ärztlichen Selbstverwaltung als Arbeitsgemeinschaft der deutschen Ärztekammern dar. Es gibt übrigens 17 und nicht 16 Ärztekammern in Deutschland, da die Kammern Nordrhein und Westfalen-Lippe ihre Aufgaben getrennt wahrnehmen. Das jeweilige Landesministerium für Gesundheit übt die Rechtsaufsicht im Gebiet der Ärzteschaft, jedoch nicht die fachliche Aufsicht aus.

Checkliste

Aufgaben der Ärztekammern (u. a.)

- Berufsordnung
- **Weiterbildungsordnung und Prüfungsabnahme**
- Überwachung der Berufsausübung
- Förderung von Qualitätssicherung
- Errichtung von Ethikkommissionen
- Unterstützung des öffentlichen Gesundheitsdienstes
- Vermittlung bei Konflikten unter Ärzten oder zwischen Patient und Arzt

Was bedeutet das für Sie?

1. Sie werden, sobald Sie approbiert sind, **Pflichtmitglied** der zuständigen Ärztekammer. Es ist eine Anmeldung erforderlich. In den meisten Fällen wird Ihre zuständige Ärztekammer Sie auch anschreiben. Zuständig ist für Sie:
   - die Ärztekammer des Bundeslandes, in dem Sie den ärztlichen Beruf ausüben bzw.
   - die Ärztekammer des Bundeslandes, in dem Sie mit Wohnsitz gemeldet sind, wenn Sie keine ärztliche Tätigkeit ausüben.

   Die Adressen der Landesärztekammern finden Sie zusammengefasst am Ende des Buches (► Anhang).

   Checkliste

   Für die Anmeldung benötigen Sie:
   - Anmeldeformular (online erhältlich)
   - Approbationsurkunde
   - Ggf. Promotionsurkunde
   - Zwei Passfotos, um den Arztausweis direkt mit zu bestellen

   Lassen Sie sich auf jeden Fall einen **Arztausweis** ausstellen – er erleichtert das Besorgen von verschreibungspflichtigen Medikamenten und macht Sie vielleicht etwas stolz.

   CAVE

   Wenn Sie Ihren Arbeitgeber wechseln oder umziehen, müssen Sie die neuen Infos an die Ärztekammer weiterleiten. Sollten Sie in einem anderen Bundesland berufstätig werden, müssen Sie die Ärztekammer wechseln (in diesem Fall wegen der laufenden Ärztlichen Weiterbildung immer *vor* dem Wechsel mit der alten und der neuen Ärztekammer Rücksprache halten bzgl. der Anerkennung der bisher erlangten Weiterbildungsinhalte!).

2. Sie sind jetzt ein demokratisches Mitglied Ihrer berufsständischen Kammer und können selber über die Entwicklung Ihres Berufsstandes **mitentscheiden**. Das heißt im Klartext, Sie sind wahlberechtigt und können Kandidaten Ihrer Kammer in die **Delegiertenversammlung** wählen, die dann wiederum einen Vorstand bestimmt. Sie können sich auch selber aufstellen lassen und Vorsitzender Ihrer Ärztekammer werden! Einmal im Jahr findet der **Deutsche Ärztetag** statt, auf den bundesweit insgesamt 250 Delegierte entsandt werden, vergleichbar mit einem Parlament für Ärzte. Hier werden Positionen wichtiger politischer Belange erarbeitet und z. B. Änderungen an der **Musterweiterbildungsordnung** verabschiedet.

! Die s. g. Musterweiterbildungsordnung wird vom Ärztetag verabschiedet und gilt als Richtlinie für die einzelnen Ärztekammern, welche Weiterbildungsinhalte für welche Facharztbezeichnungen erlangt werden müssen. Zudem wird hier darüber diskutiert, wie lange in welchem Schwerpunkt für die einzelnen Facharztbezeichnungen weitergebildet werden muss. Einmischen kann sich lohnen!

3. Sie sind jetzt zwangsläufig Abonnent des **Deutschen Ärzteblattes** und des Ärzteblattes Ihrer regionalen Ärztekammer. Das Deutsche Ärzteblatt ist das offizielle Standesorgan der deutschen Ärzteschaft – entsprechend ist der Herausgeber die Bundesärztekammer. Sie finden darin einen redaktionellen Teil mit Berichten zur Gesundheits- und Standespolitik, aber auch Fachartikel mit Originalarbeiten und Übersichtsartikeln. Der Stellenmarkt ist sicher der größte für Mediziner in Deutschland und macht inzwischen den Hauptteil des wöchentlich erscheinenden Heftes aus. Die inzwischen vielversprechenden Angebote der Krankenhäuser an junge Ärzte sollten vor Ort, vielleicht im Rahmen einer kleinen Hospitation, nochmals von Ihnen persönlich überprüft werden.
   Die regionalen Ärzteblätter werden als Amts- und Mitteilungsblätter teilweise gemeinsam mit der zuständigen Kassenärztlichen Vereinigung (KV) herausgegeben. Sie können dort auch lokale Stellenangebote sowie Veranstaltungs-/Fortbildungshinweise und Artikel zur Berufspolitik finden.
4. Die Ärztekammern finanzieren sich aus **Beiträgen ihrer Mitglieder**. Da der Mitgliedsbeitrag danach bemessen wird, wie viel Einnahmen Sie aus ärztlicher Tätigkeit aufweisen, zahlen Sie am Anfang gar nichts. Jede Ärztekammer hat ihre eigene Beitragsordnung und Beitragsbemessung. Wenn man zeitweise nicht als Arzt arbeitet, z. B. wegen Elternzeit, wird meist nur ein minimaler Beitrag fällig. Mit einem Einstiegsgehalt als Krankenhausarzt kommen ca. 200–400 € pro Jahr zusammen.
5. Bei der Aufzählung der Aufgabenbereiche einer Ärztekammer ist das Wort **Weiterbildung** fett gedruckt. Für Sie besonders entscheidend ist – neben Ihrem möglichen politischen Engagement – nämlich, dass die Ärztekammer auch die Facharztweiterbildung überwacht. Das heißt, sie vergibt z. B. **Weiterbildungsbefugnisse** für einen bestimmten Zeitraum an leitende Krankenhausärzte oder niedergelassene Ärzte. Ebenso schauen die Verantwortlichen der Ärztekammer eines Tages Ihre Zeugnisse durch und überprüfen, ob Sie die formalen Kriterien für den Facharztstatus erfüllen und prüfen Sie mündlich. Die Ärztekammer ist also Ihr erster Ansprechpartner in allen Fragen der Weiterbildung – machen Sie Gebrauch davon!

! Die Beiträge zur Ärztekammermitgliedschaft sind steuerlich absetzbar, das heißt: eine Steuererklärung lohnt sich!
Lassen Sie sich bei der Ärztekammer vor Aufnahme einer Tätigkeit zum Thema „Ärztliche Weiterbildung" beraten bzgl. der Dauer der Weiterbildungsbefugnis Ihres Chefarztes. Am besten das Gesprächsprotokoll ausdrucken lassen!

Die Bundesärztekammer und die Landesärztekammern verfolgen mit dem Projekt „Evaluation der Weiterbildung“ eine regelmäßige Erfassung der Qualität Ärztlicher Weiterbildung in Deutschland, zu der regelmäßig die Kammermitglieder befragt werden. Mitmachen lohnt sich, da Sie so die guten oder mangelhaften Zustände in Ihrer Klinik (anonym) transparent machen können. Die nächste Befragung wird im Jahr 2015 stattfinden. Die Ergebnisse aus den Jahren 2009 und 2011 können unter www.evaluation-weiterbildung.de eingesehen werden.

Hintergrundinformationen

Was ist die Kassenärztliche Vereinigung (KV)?
Sie ist ein selbstgewähltes und -verwaltetes Gremium der ambulant tätigen Ärzte mit Kassenzulassung, das die Rechte der s. g. Vertragsärzte gegenüber den Krankenkassen wahrnimmt.

Was ist der Gemeinsame Bundesausschuss (G-BA)?
Er ist das oberste Beschlussgremium der gemeinsamen Selbstverwaltung der Ärzte, Zahnärzte, Psychotherapeuten, Krankenhäuser und Krankenkassen in Deutschland. Hier wird von den Akteuren festgelegt, welche medizinischen Leistungen von den gesetzlichen Krankenkassen übernommen werden müssen.

2.2.3 Ärztliches Versorgungswerk

Das ärztliche Versorgungswerk, in vielen Bundesländern auch die „Ärzteversorgung“ genannt, ist das **berufsständische Versorgungswerk** der Ärzte. Analog zur Regelung der berufsständischen Interessen durch die Ärzte selber, wurde der Ärzteschaft auch die Gestaltung ihrer Altersvorsorge und die Hinterbliebenen- und Berufsunfähigkeitsrente in die Hand gegeben.

In Deutschland gibt es **drei Säulen** im sozialen Sicherungssystem:

1. **Rentenversicherung (DRV)** oder Absicherung in einem Versorgungswerk
2. **Betriebliche Altersvorsorge**
3. **Private Absicherung**

Die Besonderheit für Sie als Arzt ist, dass Sie die freie Wahl haben, ob Sie in der gesetzlichen Rentenversicherung oder aber Ihrem berufsständischen Versorgungswerk abgesichert werden möchten.

Der große Unterschied besteht in den Verfahren der Absicherung:

- Die **Deutsche Rentenversicherung (DRV)**: Umlageverfahren, bei dem die Mitglieder von heute die Rente der jetzt Berenteten zahlen.
  - **Vorteil:** Es können keine Verluste durch Krisen an den Finanzmärkten stattfinden, da kein Geld angelegt wird.
  - **Nachteil**: demographischer Faktor (zu wenig Beitragszahler müssen zu viele Renten zahlen)

- Die **Ärzteversorgung**: modifiziertes Kapitaldeckungsverfahren, bei dem das Geld der Einzahler so ertragreich wie möglich angelegt und bei deren Berentung ausgezahlt wird
  - **Vorteil**: homogene Mitgliederstruktur, Eigenverantwortung, beinhaltet auch Hinterbliebenenrente und Berufsunfähigkeitsrente
  - **Nachteil**: Finanzkrise mit Geldentwertung möglich, geringe Flexibilität

Hier muss jeder für sich selber entscheiden. Es scheint jedoch einiges für die Ärzteversorgung zu sprechen, da sie **höhere Erträge** und damit eine **höhere Altersrente** in Aussicht stellt, als die krisengeschüttelte Rentenversicherung. Die meisten jungen Ärzte nutzen das Angebot der Ärzteversorgung.

Zuständig ist die an die jeweilige Ärztekammer angeschlossene Ärzteversorgung; in den Bundesländern Nordrhein-Westfalen gibt es jeweils zwei berufsständische Versorgungswerke für Ärzte. Es zählt wie bei der Ärztekammer der Ort der Beschäftigung oder der Wohnort bei Nichtbeschäftigung.

Da man bei der Rentenversicherung und der Ärzteversorgung Pflichtmitglied ist, sollte man sich von einer der beiden befreien lassen, um nicht doppelt einzuzahlen. Dazu gelten die **Fristen von 3 Monaten** nach Arbeitsaufnahme bei der DRV und **6 Monate** nach Arbeitsaufnahme bei der Ärzteversorgung. Nach Ablauf der Frist können vom Arbeitgeber abgeführte Beiträge nicht mehr zurückerstattet werden. Der Beitrag bezieht sich bei beiden Systemen anteilig auf das Bruttoeinkommen. Bei der Ärzteversorgung müssen Sie sich nicht anmelden, dies geschieht automatisch über die Ärztekammer. Eine Mitgliedsbescheinigung geht Ihnen ohne Anfrage zu. Ein entsprechendes Dokument (Befreiungsbescheinigung) erhalten Sie dann per Post. Kommt es zur Einstellung als Arzt, wird diese dem Arbeitgeber neben der Mitgliedsbescheinigung der Ärzteversorgung eingereicht, damit die Beitragszahlungen direkt über den Arbeitgeberanteil und Ihren Bruttoverdienst geleistet werden können.

! Die Befreiung von der gesetzlichen Rentenversicherung ist am einfachsten über das zuständige Ärzteversorgungswerk möglich: Ein Anruf genügt, und Ihnen geht ein entsprechendes Formular zur Unterschrift zu, das das Versorgungswerk dann an die DRV weiterleitet.

CAVE

Möchten Sie sich über das berufsständische Versorgungswerk für Ärzte absichern, müssen Sie sich beim Antritt jeder neuen Arbeitsstelle wiederholt von der gesetzlichen Rentenversicherung befreien lassen!

Die Befreiung von der gesetzlichen Rentenversicherung ist grundsätzlich nur möglich, wenn bei Ihrem Job ärztliche Kenntnisse ausschlaggebend sind. Es wird von der RV geprüft, ob es sich um eine typische ärztliche Tätigkeit handelt. Lassen Sie sich bei Ihrem zuständigen ärztlichen Versorgungswerk beraten, wenn Sie in einem alternativen Berufsfeld anfangen oder dorthin wechseln!

! Wenn Sie in ein **anderes Bundesland umziehen**, ist es unter bestimmten Voraussetzungen möglich, beim Wechsel des ärztlichen Versorgungswerkes bisher eingezahlte Beiträge überzuleiten. Andernfalls bestehen Ansprüche auf Rentenzahlungen bei mehreren Versorgungswerken. Die **Überleitung der Beiträge** kann bis zu sechs Monate nach dem Umzug beantragt werden. Informieren Sie sich rechtzeitig bei Ihrem Versorgungswerk.

Erwähnt werden muss, dass es sich bei der **Berufsunfähigkeitsversicherung** der Ärzteversorgung um eine Absicherung ohne den Ausschluss von „abstrakter Verweisbarkeit" handelt. Das heißt, solange Sie irgendeine Tätigkeit als Arzt ausüben können, z. B. Gutachten diktieren oder Anträge begutachten, werden Sie nicht als berufsunfähig eingestuft. Bei einer zusätzlich privat zu erwägenden Absicherung einer Berufsunfähigkeitsversicherung, wird die gerade aktuell ausgeübte Tätigkeit abgesichert, wie z. B. Chirurg in der Unfallchirurgie.

CAVE

Überprüfen Sie, ob Ihnen die Absicherung bei 100 % Berufsunfähigkeit über die Ärzteversorgung ausreicht oder ob Ihnen eine zusätzliche Absicherung wichtig ist (► Kap. 2.2.5).

Sollten Sie einmal eine gewisse Zeit kein Einkommen erzielen, weil Sie z. B. in Elternzeit bzw. krank sind oder länger unbezahlten Urlaub nehmen, werden Sie als beitragsfreies Mitglied geführt. Sie können – müssen aber nicht – für diesen Zeitraum eine frei wählbare Summe für Ihre Altersvorsorge einzahlen.

Übrigens verhält es sich mit der Ärzteversorgung wie mit der Ärztekammer: Sie wird durch die Ärzte selbst, also durch Sie verwaltet! Es gibt demokratische Wahlen, einen Vorstand etc., und wer möchte, kann sich hier einbringen und aktiv über die Anlageformen des Vermögens der Ärzteschaft mitentscheiden.

2.2.4 Gewerkschaft, Berufsverbände, Fachgesellschaften

Die größte **Fachgewerkschaft** für Ärzte ist der **Marburger Bund**, der Verband der angestellten und beamteten Ärztinnen und Ärzte Deutschlands e. V.

Etwa zwei Drittel aller deutschen Krankenhausärzte sind Mitglied im Marburger Bund. Zum Ziel hat der Marburger Bund insbesondere die stetige **Verbesserung der berufspolitischen Situation** der abhängig beschäftigten Ärzte in Deutschland. Diese Verbesserung versucht der Marburger Bund durch die Abschaffung befristeter **Arbeitsverträge**, die Anpassung der **Gehälter** an internationale Standards sowie die Entwicklung verbindlicher Reglementierungen bezüglich Bereitschaftsdiensten, Ruhezeiten etc. zu erreichen.

In der Entwicklung der arztspezifischen Tarifverträge an deutschen Universitätskliniken sowie kommunalen Häusern ist der Marburger Bund sehr aktiv und verhandelt regelmäßig mit den verschiedenen Arbeitgebern. Außer an den kirchlichen Krankenhäusern Deutschlands, die sich weitgehend den Tarifverhandlungen entziehen, hat der Marburger Bund **arztspezifische Tarifverträge** ausgehandelt.

Immer wieder gibt es Situationen, in denen der Marburger Bund sich zu Wort meldet und einsetzt: wenn es z. B. regional auf Kosten der Patientenversorgung und der Arbeitssituation für Ärzte zu einem Überwiegen der wirtschaftlichen Interessen eines Krankenhauses kommt. Der Grundsatz lautet: Nur wenn man *zusammenhält*, kann man etwas verändern und erreichen.

Auch für den einzelnen Arzt hat eine Mitgliedschaft beim Marburger Bund einige Vorteile: Zum Beispiel steht mit Rechtsanwälten, die durch die Landesverbände für die Mitglieder engagiert werden, eine kostenlose **berufsrechtliche Beratung** und ggf. Mandatierung eines Anwaltes zur Verfügung. Bei berufsrechtlichen Problemen mit dem Arbeitgeber, z. B. ausbleibendes oder mangelhaftes Weiterbildungszeugnis oder -logbuch der Ärztekammer, treten die Juristen des Marburger Bundes wenn nötig auch vor Gericht auf. Aber auch schon die kleinen juristischen Handgriffe, wie das Absegnen eines neuen Arbeitsvertrages zur Wahrung Ihrer Rechte, können Ihnen als Berufseinsteiger Sicherheit geben.

Der Marburger Bund veranstaltet zudem regelmäßig die Karrieremesse DocSteps (www.marburger-bund.de/docsteps).

! Die Mitgliederbeiträge werden jährlich bezahlt und betragen derzeit für Ärzte in Weiterbildung ca. 140 € pro Jahr.

Keine Gewerkschaft, aber eine freie Standesorganisation, die insbesondere im politischen Feld für die Interessen der Ärzte eintritt, ist der **Hartmannbund**. Er macht sich für die Unabhängigkeit der Ärzteschaft und der Ausübung ihres Berufes stark, entwickelt gesundheitspolitische Perspektiven und bringt diese in den Diskurs ein. Zudem engagiert sich der Hartmannbund für die Qualität Ärztlicher Weiterbildung, um eine bestmögliche Patientenversorgung zu sichern.

Es gibt für die Mitglieder, wie beim Marburger Bund, Angebote zu Beratung und zur rechtlichen Unterstützung bei Problemen. Die Mitgliedschaft kostet für Ärzte bis fünf Jahre nach Erlangung der Approbation derzeit 13 € pro Monat. Bei einer gleichzeitigen Mitgliedschaft im Marburger Bund gibt es eine Vergünstigung.

Darüber hinaus bestehen für die verschiedenen medizinischen Fächer spezielle **Berufsverbände**. Die Verbände setzen sich mit individuellen Zielen für die Weiterentwicklung der Fachrichtung, die berufspolitischen Interessen der im Fach tätigen Ärzte und die Sicherstellung der Finanzierung der eigenen Leistungen über das komplexe System der gesetzlichen Krankenversicherung ein.

Die medizinischen **Fachgesellschaften** sind die Zusammenschlüsse der wissenschaftlich tätigen und interessierten Ärzte der Fachrichtung. Unter anderem organisieren sie Jahrestagungen und Kongresse zu medizinisch-wissenschaftlichen Themen und aktuellen Entwicklungen im Fachgebiet.

Die **Arbeitsgemeinschaft der Wissenschaftlichen Medizinischen Fachgesellschaften (AWMF) e. V.** ist der deutsche Dachverband von über 150 Fachgesellschaften aus den medizinischen Fachgebieten. Die AWMF koordiniert die gemeinsame (auch fächerübergreifende) Entwicklung von medizinischen Leitlinien für Diagnostik und Therapie der verschiedenen Mitglieder. Die AWMF ist gemeinnützig, da sie die Wissenschaft fördert. Leitlinien sind über die Homepage abrufbar (www.awmf.org).

Interessant an vielen dieser Verbände ist auch der Bezug einer **Fachzeitschrift**, die das Organ des jeweiligen Verbandes / der Gesellschaft sowie die Teilnahmemöglichkeit an einem oftmals umfangreichen Seminarprogramm und die mögliche Unterstützung in Weiterbildungsbelangen darstellt.

Die Mitgliedschaft bietet sich bereits als Arzt in Weiterbildung im eigenen Fach an. Sie bekommen mehr Informationen, als wenn Sie einzig und allein die Arbeit in Ihrer Klinik verrichten. Wer mag, kann sich mit zunehmender Berufserfahrung auch aktiv einbringen!

Die Mitgliedergebühr für Ärzte in Weiterbildung (außerordentliche Mitglieder) liegt oft deutlich unter dem vollen Mitgliedsbeitrag.

! Die Beiträge zu allen Berufsverbänden und Fachgesellschaften sind übrigens steuerlich absetzbar.

2.2.5 Versicherungen

Berufshaftpflichtversicherung

Jeder frisch approbierte Arzt sollte auf eine ausreichende Berufshaftpflichtversicherung achten; sie stellt eine der elementarsten Absicherungen vor existenziellen Risiken als Arzt dar. Die von der Ärztekammer beschlossene **Berufsordnung** für Ärzte verpflichtet jeden Arzt verbindlich, sich gegen eventuelle Haftpflichtansprüche zu versichern (§ 21).

In Deutschland gibt es im Wesentlichen zwei Wege, über die ein Erbringer medizinischer Leistungen zur Haftung herangezogen kann:

1. Die **vertragliche Haftung** (§ 280 BGB in Verbindung mit einem Behandlungsvertrag, z. B. zwischen Krankenhaus und Patient), typische Behandlungsfehlerprozesse
2. Die **gesetzliche Haftung** (deliktische Haftung nach § 823 BGB), die einen Arzt mit dem Vorwurf eines Deliktes (z. B. Körperverletzung) zur Verantwortung ziehen kann

Die beiden genannten Haftungsarten bestehen nebeneinander!

Für Sie als Arzt in Weiterbildung ist dabei Folgendes wichtig: Für die beiden

Haftungsarten sollte die Klinik oder der Praxisbetreiber als Leistungsbereitsteller aufkommen, auch wenn Sie als Arzt in Weiterbildung die Behandlung durchgeführt haben.

Es gelten die „Grundsätze der Arbeitnehmerhaftung". Das heißt, nur bei **grober Fahrlässigkeit** kann der Arbeitgeber seinen Mitarbeiter für die Fehler komplett in Regress nehmen. Bei mittlerer Fahrlässigkeit findet eine s. g. Quotelung des Schadens (Aufteilung der Haftungsquote nach Verschuldungsgrad) unter Berücksichtigung des Einzelfalles statt. Ist der Arbeitgeber zu den *richtigen* Konditionen und Bedingungen haftpflichtversichert, sind alle Risiken für die Mitarbeiter mitversichert, bis hin zur groben Fahrlässigkeit, sodass es auch in diesem Fall nicht zu arbeitsrechtlichen Regressansprüchen kommt.

Ebenso können Sie persönlich in Regress genommen werden, wenn es zu einem **Übernahmeverschulden** gekommen ist. Dies ist der Fall, wenn Sie Tätigkeiten übernommen haben (auch auf Anordnung von Vorgesetzten), zu denen Sie z. B. fachlich noch nicht in der Lage sind; ebenso, wenn Sie übermüdet nach einem Dienst auf Anordnung des Oberarztes weiterarbeiten, wenn Sie nicht mehr konzentriert genug sind. Im zweiten Fall ist von einem **Organisationsverschulden** der Klinik und von einem **Übernahmeverschulden** des Arztes auszugehen, der nicht „nein" gesagt hat.

Ein Problem besteht darin, dass Sie die Versicherungen der Klinik oder Praxis nicht wirklich **überprüfen** können, und einige Krankenhausbetreiber auch z. B. die grobe Fahrlässigkeit nicht oder mit einer zu geringen Summe mitversichert haben. Sie sollten sich dennoch bei Einstellung – soweit wie möglich – über Art und Umfang der jeweiligen Versicherung in Ihrem Krankenhausbetrieb informieren.

Zudem kann es passieren, dass Sie im außerdienstlichen Bereich in Haftung genommen werden sollen, z. B. wenn Sie an einer Unfallstelle oder im Flugzeug Erste Hilfe geleistet haben oder am Wochenende Bereitschaftsdienste für die Kassenärztliche Vereinigung übernehmen. Für solche Fälle, also z. B. Erste-Hilfe-Situationen und Nebentätigkeiten als Arzt, greift nicht die Berufshaftpflichtversicherung Ihres Arbeitgebers!

CAVE

Aus den genannten Gründen sollten Sie zur Sicherheit immer eine eigene, umfassende **Berufshaftpflichtversicherung** abschließen!

Eine Berufshaftpflichtversicherung ist auch in Kombination mit einer normalen **privaten Haftpflichtversicherung** zu bekommen. Für Berufsanfänger gibt es teilweise spezielle Angebote, wenn man die Versicherung noch als Student, z. B. im Praktischen Jahr abschließt. Für ca. 60 € pro Jahr erhalten Sie Versicherungsschutz mit einer Deckungssumme bis 5 Mio. € für Personen- und Sachschäden und 1 Mio. € für Vermögensschäden, was den üblichen Begrenzungen entspricht.

! Erkundigen Sie sich bei Ihrem Ärzteverband oder Ihrem Berufsverband nach Empfehlungen für Versicherer mit guten Konditionen!

Berufsunfähigkeitsversicherung

Zur finanziellen Absicherung der im Rahmen der akademischen Ausbildung erlangten und teuer bezahlten beruflichen Grundlage als Arzt sollte der Abschluss einer privaten Berufsunfähigkeitsversicherung gut durchdacht werden.

Diese würde eine Gehaltsersatzzahlung leisten, sofern man aus gesundheitlichen Gründen nicht mehr in der Lage ist, seine zuletzt ausgeübte Tätigkeit als Arzt auszuüben. Der große Unterschied zur Berufsunfähigkeitsabsicherung der ärztlichen Versorgungswerke ist, dass bei guten privaten Absicherungen **keine „abstrakte Verweisbarkeit"** möglich ist, d.h. der betroffene Arzt kann nicht auf andere ärztliche Tätigkeiten verwiesen werden.

Diese Risikoversicherung sichert den durch das Medizinstudium erworbenen **Lebensstandard** ab, jedenfalls in finanzieller Hinsicht. Kommt es zur Auszahlung der Rente, ist es dem Versicherten überlassen, durch andere Tätigkeiten Geld hinzuzuverdienen. Die Höhe der monatlichen Rente im Falle einer Berufsunfähigkeit kann frei mit den Versicherungen verhandelt werden. Entsprechende Beiträge liegen zwischen 80 und 150 € im Monat bei einer monatlichen Rente von ca. 1800 €. Dies erscheint viel, andererseits sollte man den Verlust, die Tätigkeit als Arzt nicht mehr ausüben zu können, in der Konsequenz betrachten, was insbesondere nach einiger Zeit an beruflicher Erfahrung einen deutlichen sozialen Abstieg bedeuten kann.

Es kann finanziell vor allem schwierig werden, wenn vielleicht **Wohneigentum** oder andere materielle Anschaffungen bzw. **Kinder und Familie** dazugekommen sind. Zudem sollte jeder Arzt überdenken, wie stark ihn die „Versetzung" vom Traumjob, z.B. aus der Augenarztpraxis in einen medizinischen Verwaltungsbereich (etwa nach der Entwicklung einer rheumatischen Erkrankung möglich), deprimieren würde.

! Vor Abschluss einer Berufsunfähigkeitsversicherung ist zu prüfen, ob der Versicherer ein auf ärztliche Berufe spezialisiertes Angebot vorlegt, und ob es Bewertungen des Versicherers, z.B. von einem Berufsverband oder Verbraucherschutzorganisationen, gibt. Es ist ebenso zu klären, wer für die Altersvorsorge aufkommt, sofern der Fall einer Berufsunfähigkeit eintritt.

Krankenversicherung

Selbstverständlich stellt sich auch für Ärzte die Frage der gesetzlichen oder privaten Krankenversicherung. Während des Studiums werden fast alle zu einem niedrigen Beitrag in einer gesetzlichen Krankenkasse versichert gewesen sein. Beim Einstieg in den Beruf werden die Beiträge monatlich hälftig vom Versicherten und vom Arbeitgeber finanziert, wobei die Beitragshöhe einkommensabhängig ist.

! Die Mitgliedschaft in einer gesetzlichen Krankenkasse kostet bei jedem Anbieter das Gleiche. Die Tarife in der privaten Krankenversicherung unterscheiden sich stark, ebenso lassen sich Versicherungsumfang und -bedingungen individuell anpassen. Teilweise gibt es Gruppenversicherungsverträge speziell für Ärzte, die günstiger sein *können*.

Im Jahr 2014 hat ein Arbeitnehmer ab einem Jahreseinkommen von 53.550 € voraussichtlich die Möglichkeit, eine private Krankenversicherung abzuschließen, da man ab dieser Einkommenshöhe von der gesetzlichen Versicherungspflicht befreit ist (Quelle: Bundesministerium für Gesundheit).

Beide Systeme haben Vor- und Nachteile und sind in verschiedenen Lebenssituationen günstiger oder teurer – z. B. können bei Familiengründung, falls ein Partner nicht arbeitet und ein Kind dazukommt, in der gesetzlichen Kasse bei zunächst höheren Beiträgen die anderen Familienmitglieder kostenlos mitversichert werden.

Für einen jungen, gesunden Mediziner wiederum kann die **private Krankenversicherung** günstiger sein, wenn dieser keine weiteren Verpflichtungen oder Angehörige hat. Gibt es jedoch z. B. eine mit der Kindererziehung beschäftigte Ehefrau, muss ihre private Krankenversicherung komplett vom Einkommen des Ehepartners mitfinanziert werden, und zwar der Arbeitnehmer- *und* Arbeitgeberanteil, was schnell teuer werden kann.

Wir als Mediziner und nun auch ärztliche Kollegen sollten uns auch fragen, ob sich der Status als Privatpatient für uns auszahlt, sofern wir dafür tiefer in die Tasche greifen. Die Erfahrung zeigt doch, dass der Status als Kollege mehr Aufmerksamkeit und „Sonderbehandlung" bringen kann als eine private Krankenversicherung.

Andererseits gibt es heute nicht mehr so viele „konservative" Kollegen, die nach dem alten Grundsatz leben „ein Kollege bekommt niemals eine Rechnung". Wir könnten uns auch fragen, ob es nicht fair wäre, uns privat zu versichern, um die Leistungen unserer Kollegen angemessen vergüten zu können, statt mit einer gesetzlichen Absicherung auf eine zuvorkommende Behandlung zu hoffen.

Von daher sollten verschiedene Faktoren bei der Wahl der passenden Krankenversicherung eine Rolle spielen, die allerdings den Rahmen dieses Kapitels sprengen würden und auch mit der individuellen persönlichen und gesundheitspolitischen Einstellung zu tun haben.

Eine Alternative zur privaten Vollversicherung, sollte diese nicht das richtige Modell für Sie sein, stellen auch Zusatzversicherungen für den stationären Bereich dar, die mit einer **Anwartschaft** auf einen späteren Wechsel in die private Vollversicherung kombinierbar sind (► Abb. 2-1). Hierbei zahlen Sie nach einer Gesundheitsprüfung einen minimalen monatlichen Beitrag, wie etwa 5 €, und können bei Überschreiten der Einkommensgrenze ohne erneute Gesundheitsprüfung im Verlauf in die private Krankenversicherung wechseln.

Wie für jeden berufstätigen Menschen in Deutschland ist zu erwägen, ob eine **private Altersvorsorge** zusätzlich zur „Rente" aus der Ärzteversorgung

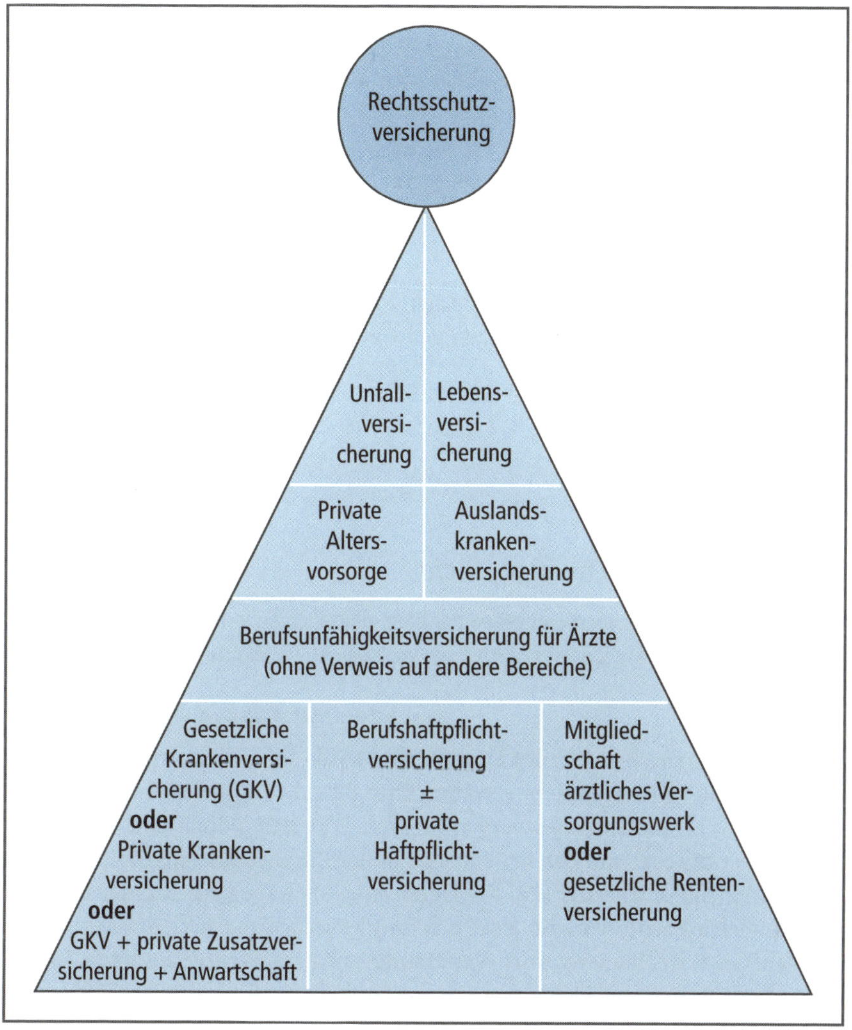

Abb. 2-1 Versicherungspyramide für Ärzte: Die drei Kästen auf dem Boden enthalten die drei existenziellen Versicherungen – alles darüber ist abzuwägen.

oder der gesetzlichen Rentenversicherung gewünscht wird. Dafür gibt es verschiedene Angebote, auch z. B. in Kombination mit Berufsunfähigkeitsversicherungen. Bei einer ausführlichen Beratung, die teilweise auch von der Standesvertretung nahestehenden Finanzdienstleistern angeboten wird, können zudem Informationen über eine **Pflege- und Unfallversicherung** sowie den **Hinterbliebenenschutz** angefragt werden.

CAVE

Bedenken Sie bei jeder (von den Provisionen der Versicherungsunternehmer) **abhängigen Beratung**, dass es immer auch um wirtschaftliche Interessen des Beraters geht, und dieser naturgemäß gerne Versicherungen für Sie abschließen möchte. Holen Sie möglichst unterschiedliche Meinungen ein, und bitten Sie Ihren Berufsverband oder z. B. den Marburger Bund um Empfehlungen.

! Um zusätzliche Altersvorsorge zu betreiben, können Sie auch auf freiwilliger Basis die Beiträge zur Ärzteversorgung erhöhen und von der jeweiligen Rendite Ihres Versorgungswerkes profitieren.

2.3 Praktisches

2.3.1 Ärztliche Schweigepflicht

> „Was ich bei der Behandlung sehe oder höre oder auch außerhalb der Behandlung im Leben der Menschen, werde ich (...) verschweigen und solches als ein Geheimnis betrachten."
>
> *(aus: Eid des Hippokrates, ca. 460–375 v. Chr.)*

Bereits im historischen Eid des Hippokrates wird eine Selbstverpflichtung des Arztes auf die Schweigepflicht erwähnt. Ihre Bewahrung ist ein integraler Bestandteil des ärztlichen Selbstverständnisses. Was sich jedoch nach einer einfachen Grundtugend anhört, erweist sich in der Praxis häufig als Stolperstein.

Die Schweigepflicht, die u. a. für Heilberufe, aber auch für Richter und Beamte in vielen Positionen gilt, leitet das Bundesverfassungsgericht unmittelbar aus den Grundrechten ab. Ihre Verletzung wird im **Strafgesetzbuch** (§ 203) unter Androhung von Geld- oder sogar Freiheitsstrafe geahndet. Zudem ist speziell die ärztliche Schweigepflicht in den **Berufsordnungen** der Landesärztekammern (§ 9) geregelt.

Die ärztliche Schweigepflicht gilt prinzipiell **gegenüber jeder Person**, auch anderen Ärzten, Krankenpflegepersonal, Ehepartnern, der Polizei und bezieht sich auch auf Informationen, die sowieso bereits bekannt sind. Das heißt: Auch wenn jemand z. B. von einer Diagnose eines Patienten bereits Kenntnis hat, berechtigt dies einen Arzt nicht dazu, diese auszusprechen. Es ist auch zu berücksichtigen, dass die Schweigepflicht für alle Informationen, die Ihnen als Arzt anvertraut werden, **über den Tod des Patienten hinaus** besteht. Sie gilt bereits für die scheinbar triviale Information, dass ein Patient überhaupt in Ihrer Behandlung ist. Auch private oder persönliche Mitteilungen, z. B. über den Gesundheitszustand des Nachbarn, sind von der Schweigepflicht des Arztes abgedeckt; ebenso Sachverhalte, die nicht ausgesprochen werden, sondern vom Arzt zufällig beobachtet werden.

Informationen dürfen weitergegeben werden, wenn eine **ausdrückliche** Einwilligung („Entbindung von der Schweigepflicht") vorliegt, was z. B. gegenüber privaten Krankenkassen oder anderen Leistungsträgern wie der Deutschen Rentenversicherung häufig verlangt wird.

Diese **Schweigepflichtentbindung** kann gegenüber den vorbehandelnden Ärzten oder Angehörigen individuell mit dem Patienten vereinbart werden. Es ist zu empfehlen, diese schriftlich zu verfassen, sofern die Abläufe dies zulassen. In vielen Kliniken gibt es Vordrucke für diesen Zweck. Sie können aber auch schnell einen anlegen. Andernfalls sollte eine mündlich vereinbarte Schweigepflichtentbindung unbedingt in der **Krankenakte dokumentiert** werden.

Es gibt einige besondere Fälle, in denen der Arzt gegenüber der entsprechenden Stelle per Gesetz zur Offenbarung verpflichtet ist. Sie müssen Ihre s. g. **Offenbarungsbefugnis** dem Patienten auch nicht mitteilen. Sie besteht gegenüber folgenden Stellen *beschränkt* auf gewisse Bereiche:

- Kassenärztliche Vereinigung (zur Abrechnung)
- Gesetzliche Krankenkassen (zur Abrechnung)
- Medizinischer Dienst der Krankenkassen (juristisch umstritten)
- Berufsgenossenschaften (z. B. Aufklärung eines Unfalls)

Weitere Ausnahmen können darstellen:

- Infektionsschutz bei bestimmten ansteckenden Krankheiten
- Röntgenaufnahmen (Befundüberlassung an Nachbehandler)
- Drogensubstitution
- Geburten (Meldepflicht!)

! Einige Infektionserkrankungen (insbesondere Geschlechtskrankheiten) müssen vom behandelnden Arzt dem zuständigen Gesundheitsamt gemeldet werden, teilweise mit Übermittlung des Namens. Weitere Informationen finden Sie auf der Homepage des Robert Koch-Instituts (www.rki.de).

Neben der ausdrücklichen Einwilligung gibt es mehrere mögliche Fälle, in denen von einer **mutmaßlichen Einwilligung** in die Übermittlung medizinischer Informationen auszugehen ist:

- Wenn z. B. Informationen über einen **bewusstlosen Patienten** eingeholt werden müssen, und Sie als Arzt preisgeben, den Patienten zu behandeln, oder Sie erläutern seinen Zustand gegenüber Fremden (hier zählt, was das mutmaßliche Interesse des Patienten darstellt).
- Ebenso ist **konkludent** (stillschweigend, durch schlüssiges Verhalten) davon auszugehen, dass Sie als Arzt in Weiterbildung Ihrem **Oberarzt** oder einem den Nachtdienst aufnehmenden Kollegen vom Patienten berichten und seine Krankenunterlagen (innerhalb des gleichen Krankenhauses bzw. der gleichen Organisationseinheit) im Rahmen der „Übergabe" zur Verfügung stellen dürfen. Für eine vernünftige stationäre Behandlung ist genau dieser

Informationsaustausch, auch gegenüber dem **Pflegepersonal** und anderen Berufsgruppen, unabdingbar.

Hintergrund

Auch das reguläre Verschicken eines **Arztbriefes** nach Entlassung des Patienten zählt zu der konkludenten Einwilligung.

Eine weitere Ausnahme stellt ein s. g. **rechtfertigender Notstand** (gemäß § 34 Strafgesetzbuch) dar, bei dem zum Schutz anderer Rechtsgüter die Schweigepflicht „gebrochen“ werden darf. Dies wäre **abzuwägen**, wenn z. B.

- einem Angehörigen eines Patienten eine schwere ansteckende Erkrankung verschwiegen wird, der beim gleichen Arzt in Behandlung ist (Garantenpflicht),
- ein alkoholkranker Patient wiederholt am Straßenverkehr teilnimmt und nicht einsichtig ist,
- ein Verdacht auf Kindesmisshandlung vorliegt (Garantenpflicht),
- Kenntnis über die Planung einer konkreten, schwerwiegenden Straftat besteht, die sowieso anzeigepflichtig ist – in diesem Fall besteht sogar eine Offenbarungspflicht, und die Schweigepflicht kann nicht eingehalten werden (Gefahrenabwehr),
- ein Patient den behandelnden Arzt öffentlich diffamiert oder ihm einen Kunstfehler vorwirft, der widerlegt werden kann.

! Bei einigen der gerade erwähnten Punkte spielt die s. g. **Garantenstellung** von Ärzten gegenüber ihnen **anvertrauten Patienten** eine Rolle. Sie haben ein Rechtsgut, ihre Schutz- und Beistandspflicht, in besonderer Weise zu erfüllen. Es ist somit Ihre Verpflichtung, Straftaten wie Körperverletzung zu verhindern, sonst können Sie u. U. vor dem Strafgesetz genauso behandelt werden, als hätten Sie selber diese Körperverletzung begangen!

Auch ohne dass eine dieser Ausnahmen vorliegt, wird es im klinischen Alltag aufgrund von Zeitdruck und medizinischen Dringlichkeiten nicht immer möglich sein, sich rigide an die Vorgaben zu halten. Besonders hervorzuheben ist, dass es oftmals nicht im Sinne der Patienten wäre, den Kindern oder den Eltern gegenüber jede Auskunft zu verweigern. Man sollte dennoch das Einverständnis des Patienten vermerken und beispielsweise Angehörigengespräche immer im Beisein des Patienten und nicht „auf dem Gang“ führen. Andererseits sollten Sie bedenken, dass gerade bei Familienstreitigkeiten oder häuslicher Gewalt alleine die Information, dass sich ein Patient auf Ihrer Station befindet, verheerende **Auswirkungen** haben kann, die vorher kaum vorhersehbar sind. Außerhalb der Tätigkeit in der Rettungsmedizin oder Notaufnahme kann man erwägen, z. B. von der Beantwortung spontaner telefonischer Anfragen gänzlich abzusehen. Dennoch werden Sie die Erfahrung machen, dass die Juristen und Gesetzgeber uns für einige alltägliche, schwierige Situationen mit ihren Vorgaben nicht immer eine brauchbare Richtlinie an die Hand geben. Sie als Arzt sind immer wieder gezwungen, unter ethisch-moralischen und rechtlichen Gesichtspunkten, die verschiedenen Interessen individuell gegeneinander abzuwägen.

! Für den klinischen Alltag: Versuchen Sie möglichst eine kurze Standardformulierung zu finden, mit der Sie regelmäßig in der Kurve die Befreiung von der Schweigepflicht gegenüber Angehörigen dokumentieren. Für die Herausgabe medizinischer Befunde nach extern ist das Einholen der Unterschrift dringend zu empfehlen.

2.3.2 Richtig rezeptieren

Sofern Sie bereits Ihre **Approbation** in den Händen halten, dürfen Sie natürlich **Rezepte ausstellen** und mit dem **Arztausweis** rezeptpflichtige Medikamente in der Apotheke kaufen.

Geregelt ist die Verschreibungspflicht von bestimmten Arzneistoffen in der s. g. **Arzneimittelverschreibungsverordnung** (AMVV), die beim Bundesministerium der Justiz unter www.gesetze-im-internet.de/bundesrecht/amvv/gesamt.pdf eingesehen werden kann. Das übergeordnete Gesetz ist das **Arzneimittelgesetz** (AMG) der Bundesrepublik Deutschland.

Wenn Sie ein verschreibungspflichtiges Medikament verordnen möchten, sollten Sie die gewünschte Dosierung und Packungsgröße recherchieren. Eine Möglichkeit ist, sich des Klassikers, der **Roten Liste** zu bedienen. Sie ist das Verzeichnis von Fertigarzneimitteln der Mitglieder des Bundesverbandes der Pharmazeutischen Industrie und des Verbandes der forschenden Arzneimittelhersteller. Die Hersteller müssen ihre Präparate nicht an die Rote Liste melden, d. h. auch sie ist nicht vollständig. Online erreichen Sie die Rote Liste unter www.rote-liste.de und müssen bei Registrierung mit der Approbation nachweisen, dass Sie zum Fachkreis gehören.

Alternativen sind aktuelle **Arzneimittelkursbücher** oder eine **Arzneimittel-App** (► Kap. 6.1.5). Sehr beliebt ist auch die unabhängige (und anzeigenfreie) Information und Arzneimitteldatenbank für Ärzte und Apotheker namens Arznei-Telegramm (www.arznei-telegramm.de), die jedoch kostenpflichtig ist.

Entgegen häufiger Fehlannahmen kann ein **Privatrezept** auf jedem beliebigen Zettel ausgestellt werden. Sogar auf einem Bierdeckel hat es Gültigkeit, wenn es den formalen Kriterien entspricht. Entsprechend ist es auch Ihnen überlassen, ob Sie es z. B. auf die klassische Rezeptgröße zuschneiden, oder ob Sie auf Briefbogengröße verordnen.

Ohne Kassenzulassung kann ein Arzt natürlich nur Privatrezepte ausstellen, d. h. der „Patient" muss den vollen Listenpreis des Präparates in der Apotheke selber bezahlen (die Preise verschreibungspflichtiger Medikamente sind in jeder Apotheke durch die Preisbindung gleich). Ist der Empfänger privatversichert, kann er mit der Quittung anschließend die Kosten bei seiner Krankenversicherung geltend machen. Einige Ärzte haben mit ihren privaten, teilweise auch den gesetzlichen Krankenversicherungen eine Vereinbarung, dass Medikamente für den Eigenbedarf erstattet werden. Dies ist jedoch von individuellen Absprachen mit dem Versicherer abhängig. Es kann sich lohnen, nachzufragen.

! Kaufen Sie z. B. abends oder am Wochenende mit Ihrem Arztausweis oder mit einem Privatrezept ein verschreibungspflichtiges Medikament für den Eigenbedarf, können Sie in jeder kundenfreundlichen Apotheke zu einem späteren Zeitpunkt den Umtausch in ein Kassenrezept durchführen und Ihr Geld zurückerhalten!

Viele Ärzte erstellen sich für den privaten Gebrauch eine Rezeptvorlage (► Abb. 2-2). Der Apotheker hat gemäß seiner Sorgfaltspflicht die Aufgabe, sich von der Richtigkeit und Rechtmäßigkeit der Verordnung zu überzeugen. Folgende Inhalte sind auf einem Privatrezept obligat:

Checkliste

- Name, Anschrift und Berufsbezeichnung **Arzt** (Telefonnummer nur empfohlen)
- **Ausstellungsdatum** des Rezeptes
- Die Gültigkeitsdauer ist keine Pflichtangabe, die normale Gültigkeit beträgt 3 Monate.
- **Vorname und Zuname sowie Geburtsdatum des Patienten**, empfohlen wird auch die Anschrift
- Name des **Arzneimittels** (Markenname *oder* Freiname)
- Bezeichnung der **Arzneiform** (Tabletten = TBL, Tropfen = TRP, Kapseln = KPS, Erwachsenensuppositorien = ESU, Hustensaft = HSA, Haltstabletten = HTA)
- **Wirkstoffmenge**
- **Stückzahl** oder Abgabegröße in N (N1–N3 mit aufsteigenden Packungsgrößen)
- **Eigenhändige Unterschrift** des Arztes (ein Adressstempel ist nicht vorgeschrieben)

Es wird empfohlen, folgende formale Konventionen auf Rezepten einzuhalten:

- Beginn der Verordnung mit der Abkürzung „Rp." für „recipe" (lat. für „nimm", historisch gewachsen – angesprochen wird damit der Apotheker)
- Angabe von Einnahmehinweisen mit einem „S." vorweg für „signa" (lat. für „bezeichne") und dann z. B. „1 × 1 Tbl. morgens". Diese Angabe muss der Apotheker auf dem Präparat vermerken und dem Patienten mitteilen.
- Es dürfen unbegrenzt viele Präparate auf einem Rezept verschrieben werden, der Übersichtlichkeit halber sollte man sich auf drei begrenzen.
- Freiräume unter der Verordnung sollten durchgestrichen werden.
- Schreiben Sie „aut idem" (lat. für „oder ein Gleiches") dazu, und der Apotheker darf auch ein Generikum geben.

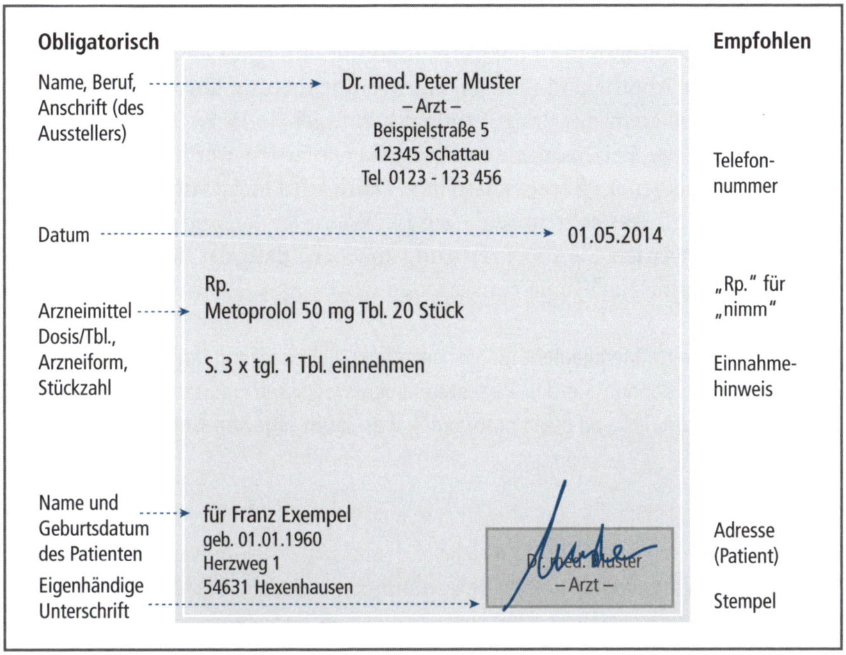

Abb. 2-2 Beispiel eines ausgefüllten Privatrezeptes.

CAVE

Falls Sie mit der Verordnung auf Kassenrezepten zu tun haben: Wenn Sie ein Kreuz bei „aut idem" setzen, darf der Apotheker **kein** vergleichbares Präparat eines anderen Herstellers mehr aushändigen. Setzen Sie das Kreuz nicht, gilt standardmäßig die aut-idem-Regelung.

In dringenden Fällen ist es dem Apotheker gestattet, auch verschreibungspflichtige Medikamente auf **telefonische Anweisung** eines Arztes auszuhändigen. Zuvor muss er sich Gewissheit verschafft haben, dass der Anrufende zur Verschreibung berechtigt ist. Das schriftliche Rezept muss dann nachgereicht werden.

CAVE

Der Arztausweis Ihrer Ärztekammer ist nur in Deutschland gültig. Wollen Sie innerhalb der EU rezeptpflichtige Medikamente kaufen, müssen Sie sich im jeweiligen Land als Arzt registrieren lassen und auf die Zulassung warten.

Es fällt Ihnen sicher auf, dass es sich jeweils bei der „Überzeugung des Apothekers über die Rechtmäßigkeit der Verschreibung“ um eine Grauzone handelt. In der Tat soll der Apotheker hier auch eine Verantwortung übernehmen und bei berechtigten Zweifeln das Präparat nicht herausgeben. Es ist möglich, dass Sie sehr verschiedene Erfahrungen in Apotheken machen werden, insbesondere wenn Sie sich selber ein Rezept ausstellen. Dann wird meist zusätzlich der Arztausweis verlangt, was sehr unschlüssig ist. Wenn Sie jemandem anders etwas verschreiben, werden Sie die Erfahrung machen, dass das Medikament viel häufiger und ohne Nachfragen ausgegeben wird.

! Ist das rezeptierte Medikament für Sie selber bzw. gehen Sie mit Ihrem Rezept selber in die Apotheke, können Sie den Patientennamen weglassen und stattdessen **„ad. us. propr.“** vermerken (lat. „ad usum proprium“), was **„zum eigenen Gebrauch“** bedeutet.

CAVE

Es wird vorkommen, dass Sie – wahrscheinlich über die E-Mail-Adresse oder das Postfach bei Ihrem Arbeitgeber – einen **Rote-Hand-Brief** erhalten. Die pharmazeutischen Unternehmen unterrichten Sie darin über neu erkannte, bedeutende Arzneimittelrisiken und das weitere Vorgehen mit dem jeweiligen Präparat. **Sie sollten diese Hinweise unbedingt beachten!** Sie können alle aktuellen Meldungen unter akdae.de/Arzneimittelsicherheit/RHB einsehen sowie unerwünschte Arzneimittelwirkungen melden.

2.3.3 Angehörige und Freunde behandeln

Gerade im Zusammenhang mit der nach der Approbation neuen Verfügbarkeit von Arzneimitteln stellt sich die Aufgabe des verantwortungsbewussten Umganges mit den frisch erworbenen Rechten.

Schneller, als Sie in Ihrer neuen Funktion angekommen sind, kommen Anfragen aus dem Familien- und Freundeskreis mit der Bitte um Verschreibung von Pilzcremes nach dem Schwimmbadbesuch oder Antibiotika bei Halsschmerzen.

Greift man zum Stift und rezeptiert das gewünschte Medikament, kommt formal – wie in der Klinik auch – ein **Behandlungsvertrag** zustande. Bei Fragen der Arzthaftung interessiert es aus rechtlicher Sicht nicht, ob in der Klinik, der Praxis oder am Wohnzimmertisch ein Behandlungs- oder Aufklärungsfehler passiert ist.

Also ist hierfür, wie auch für das Impfen im privaten Kreis, eine eigene **Berufshaftpflichtversicherung** nötig, die gelegentliche ärztliche Tätigkeiten einschließt.

CAVE

Eine kostenlose ärztliche Behandlung wie Impfen oder eine Arzneimitteltherapie im Bekanntenkreis kann bei Kunstfehlern für Sie noch größere rechtliche Konsequenzen haben, da der Behandlungsvertrag konkludent (durch schlüssiges Handeln bzw. stillschweigend) mit Ihnen direkt und nicht mit Ihrem Arbeitgeber geschlossen wird!

Sie haben sicher unter anderem auch aufgrund der Motivation, helfen zu wollen, Medizin studiert. Sie kümmern sich bestimmt gerne um Ihre Liebsten, wenn es ihnen schlecht geht. Dagegen ist auch nichts einzuwenden, wenn Sie sich die Grenzen klar machen, die ohne medizinisches Equipment und ohne professionelle Distanz leider bestehen.

CAVE

Während bei Notfällen oder einer unklaren Symptomatik selbstverständlich alles getan werden sollte, was in Ihrer Macht steht, sollte ebenso umgehend ein „professioneller" Notarzt gerufen oder eine Notaufnahme aufgesucht werden!

Bei subakuten und chronischen Erkrankungen ist es oft langfristig besser tragbar, einen Angehörigen komplett von einem entsprechenden Fachkollegen unter seiner vollen Verantwortung behandeln zu lassen und ggf. für Fragen als „vertrauter Berater" zur Seite zu stehen.

Ein zu starkes Eingreifen in die **Arzt-Patient-Beziehung** (die sich unter Freunden und Angehörigen *nicht* in der Form aufbauen lässt) kann hier im schlimmsten Fall auch schädlich sein, wobei nur allzu verständlich ist, dass Ihre Zurückhaltung als Arzt in medizinischen Fragen nicht immer einfach ist.

Zu bedenken ist, dass das Verhältnis zwischen Arzt und Patient in unserer Gesellschaft häufig unterschätzt wird, und wir als Familienangehörige und Freunde in einer Rollendiffusion mit der Person des Arztes bestimmte gesundheitsfördernde Effekte nicht entfalten können.

Zudem könnten missglückte Therapieversuche oder falsche Verdachtsdiagnosen intime und persönliche Bindungen nachhaltig stören.

! Einen Freundschaftsdienst können Sie vielleicht jemandem erweisen, indem Sie ihm Ihnen bekannte und vertrauenswürde ärztliche Kollegen empfehlen. Sie könnten z. B. für einen Angehörigen einen schnellen Termin vereinbaren und Ihrem ärztlichen Kollegen eine entsprechende Ankündigung hinterlassen.

2.3.4 Genfer Deklaration

Das **Genfer Gelöbnis** oder die Genfer Deklaration ist eine moderne und zeitgemäße Form des **Eids des Hippokrates**.

Viele Menschen glauben, dass der „Hippokratische Eid“ heute noch nach dem Medizinstudium geschworen wird – was nicht stimmt. Benannt ist der Eid nach Hippokrates von Kos, einem griechischen Arzt, der im 4. Jahrhundert vor Christi gelebt haben soll. Wer der tatsächliche Urheber ist, konnte bisher jedoch nicht sicher geklärt werden.

Dennoch gibt es aus der Überlieferung natürlich noch ethische Maßstäbe, die sich bis heute im Berufsstand der Ärzte gehalten haben und weiter halten müssen.

Zu großen Teilen als Reaktion auf die Medizin ohne Menschlichkeit, die Verbrechen gewissenloser Ärzte unter der NS-Diktatur, wurde 1948 vom Weltärztebund das Genfer Gelöbnis formuliert und bis 2006 mehrfach überarbeitet. Seit 1950 ist es Bestandteil der deutschen Berufsordnung für Ärzte – und damit bindend gültig.

Hintergrund

Der **Weltärztebund** (World Medical Association) ist ein weltweiter Zusammenschluss von Ärztevereinigungen. Das deutsche Mitglied ist die Bundesärztekammer. Es werden vornehmlich internationale ethische Standards für ärztliches Handeln formuliert. Jährlich findet eine Generalversammlung der jeweils nationalen Delegierten statt. Seit 2005 ist der Generalsekretär der Deutsche Otmar Kloiber.

Es folgt die Genfer Deklaration im Wortlaut in der Übersetzung nach der Bundesärztekammer:

> „Bei meiner Aufnahme in den ärztlichen Berufsstand gelobe ich, mein Leben in den Dienst der Menschlichkeit zu stellen.
> Ich werde meinen Beruf mit Gewissenhaftigkeit und Würde ausüben.
> Die Erhaltung und Wiederherstellung der Gesundheit meiner Patientinnen und Patienten soll oberstes Gebot meines Handelns sein.
> Ich werde alle mir anvertrauten Geheimnisse auch über den Tod der Patientin oder des Patienten hinaus wahren.
> Ich werde mit allen meinen Kräften die Ehre und die edle Überlieferung des ärztlichen Berufes aufrechterhalten und bei der Ausübung meiner ärztlichen Pflichten keinen Unterschied machen, weder aufgrund einer etwaigen Behinderung noch nach Religion, Nationalität, Rasse noch nach Parteizugehörigkeit oder sozialer Stellung.
> Ich werde jedem Menschenleben von der Empfängnis an Ehrfurcht entgegenbringen und selbst unter Bedrohung meine ärztliche Kunst nicht in Widerspruch zu den Geboten der Menschlichkeit anwenden.
> Ich werde meinen Lehrerinnen und Lehrern sowie Kolleginnen und Kollegen die schuldige Achtung erweisen. Dies alles verspreche ich auf meine Ehre."

Dieser Wortlaut der Genfer Deklaration ist Bestandteil der Berufsordnung für Ärzte in der Bundesrepublik Deutschland.

2.3.5 Erste Hilfe

Sie sind jetzt Arzt und werden sich aus ethisch-moralischen Aspekten im Notfall als solcher zu erkennen geben und eine medizinische Erstversorgung leisten. Doch sind Sie auch rechtlich dazu verpflichtet?

Ja, Sie sind **wie jeder andere Bürger** dazu verpflichtet, bei „Unglücksfällen", „gemeiner Gefahr" oder „Not" Hilfe zu leisten, sofern dies erforderlich und zumutbar ist. Jeder ist verpflichtet, in diesem Fall nach den besten Kräften Hilfe zu leisten. Eine Verletzung dieser Pflicht ist als **unterlassene Hilfeleistung** bekannt und wird nach § 323c des Strafgesetzbuches bestraft.

Sind Sie **dienstlich im Einsatz** in Ihrer Funktion als Arzt, haben Sie zudem eine s. g. **Garantenstellung**. Sie haben gegenüber Ihren Patienten auf freiwilliger Basis eine besondere **Schutz- und Beistandspflicht** übernommen (nicht aufgrund Ihrer Ausbildung, sondern aufgrund Ihrer jeweiligen aktuellen Funktion als zuständiger Arzt). Unterlassen Sie in diesem Fall eine notwendige Hilfeleistung, kann es sich nicht nur um eine unterlassene Hilfeleistung handeln, sondern um den Straftatbestand der **Körperverletzung oder des Totschlages** durch Unterlassen (§§ 13, 212, 223 des Strafgesetzbuches). Als diensthabender / zuständiger Arzt können Sie für etwas bestraft werden als hätten Sie es selber herbeigeführt, obwohl Sie die nötige Hilfe lediglich unterlassen haben. Durch die Garantenpflicht ergeben sich besondere Anforderungen an einen Arzt, bestimmte Rechtsgüter zu schützen, sofern Sie die Funktion gerade ausführen. Gleiches gilt z. B. für Polizisten, Bademeister, Eltern und Babysitter, wenn sie gerade ihrer besonderen Funktion nachkommen.

Amüsieren Sie sich gerade **privat** und werden durch **Zufall mit einem Notfall konfrontiert**, haben Sie – auch als Arzt – grundsätzlich keine Garantenstellung inne. Dieser Umstand erscheint sinnvoll, weil sonst die Befürchtung berechtigt wäre, dass Ärzte sich weniger als solche zu erkennen geben würden, um großen Risiken einer Haftung zu entgehen. Sie haben entsprechend, wie jeder andere auch, nach besten Kräften Hilfe zu leisten, was bei einem ausgebildeten Arzt oder Medizinstudenten sicher „größere Kräfte" sind als bei einem Fachfremden.

Neben den strafrechtlich relevanten Tatbeständen, nämlich der Körperverletzung und dem Totschlag durch Unterlassen, stehen in einem solchen „Erste-Hilfe-Fall" die etwaigen zivilrechtlichen Ansprüche des Opfers. Sofern das jeweilige Unfallopfer erwägt, sie rechtlich in Anspruch zu nehmen, wäre zunächst zu klären, ob Sie aufgrund eines Behandlungsvertrages oder aufgrund eines unentgeltlichen Auftragsverhältnisses zur Abwendung einer dringenden Gefahr tätig wurden. Die jeweilige Einordnung ist nicht immer ganz einfach, hat aber unterschiedliche juristische Konsequenzen. Im zweiten Fall nämlich, der im Rahmen der Erstversorgung eines kranken Menschen sicher häufiger vorkommt, können Sie lediglich wegen grober Fahrlässigkeit und Vorsatz verurteilt werden (es besteht eine s. g. Haftungserleichterung).

Zusammenfassend ist der in einer Notsituation Erste Hilfe leistende Arzt vom Rechtssystem relativ gut geschützt, und es gibt eine Unterscheidung zu dem Arzt, der gerade im Dienst ist.

CAVE

Jeder Einzelfall wird – wenn es tatsächlich zur Anklage oder zum Haftungsprozess kommt – individuell vom Gericht bewertet und es werden Sachverständige zu den jeweiligen medizinischen Umständen befragt. Deshalb können nie verbindliche, allgemeingültige Aussagen gemacht werden.
Prinzipiell können Behandlungsverträge auch konkludent, also stillschweigend und durch schlüssiges Handeln begründet, zustande kommen.

Bedenken Sie bitte bezogen auf Ersthelfermaßnahmen:

Checkliste

- In der Notsituation unterscheiden Laien nicht zwischen Notärzten und anderen Ärzten – Ihnen wird unreflektiert alles zugetraut. Versuchen Sie, sich davon nicht irritieren zu lassen!
- Die Gerichte unterscheiden sehr wohl zwischen einem behandelnden Arzt (professioneller Ersthelfer wie z. B. ein alarmierter Notarzt) und einem zufällig vorbeikommenden Ersthelfer-Arzt, der nur zur Abwendung einer dringenden Gefahr tätig wird.
- Jeder Arzt, ganz gleich welcher Fachrichtung, sollte sich mit den Basismaßnahmen medizinischer Notfallsituationen (ohne Ausrüstung) vertraut machen (Reanimation, Kinderreanimation).
- Im Zweifel tun Sie alles, bis der professionelle Rettungsdienst vor Ort ist. Solange Sie nicht mit **Sicherheit** einen Herzkreislaufstillstand ausschließen können, heißt das **R-E-A-N-I-M-A-T-I-O-N!**
- Bei leblos scheinenden Kindern ohne sichere Todeszeichen immer **R-E-A-N-I-M-A-T-I-O-N!**

Machen Sie sich regelmäßig mit den aktuellen Leitlinien zur **Reanimation** für Erwachsene und Kinder vertraut. Sie finden sie online beim **Deutschen Rat für Wiederbelebung (GRC)** unter www.grc-org.de/leitlinien2010.

Auf einen Blick

1. Die letzten Schritte bis zum Examen bedürfen einer gewissen Einstimmung und Vorbereitung: Begrenzen Sie sonstige Verpflichtungen, schaffen Sie sich eine angenehme Lern- und Arbeitsatmosphäre, erstellen Sie sich vielleicht einen Lernplan, nehmen Sie Hilfestellungen in Anspruch (Altfragen, Prüfungsskripte, Lerngruppen etc.). Und vor allem: Gönnen Sie sich auch eine Pause, um wieder Kraft für den nächsten Lernabschnitt zu haben.
2. Die Approbation, die erst beantragt werden muss, steht gleichbedeutend mit der Berufserlaubnis und bedeutet auch eine Pflichtmitgliedschaft in der zuständigen Ärztekammer.
3. Neben der Versicherung im ärztlichen Versorgungswerk oder der Deutschen Rentenversicherung sollten Sie sich Gedanken dazu machen, welche zusätzlichen Absicherungen für Sie sinnreich sein könnten (private Berufshaftpflicht-, Berufsunfähigkeitsversicherung etc.).
4. Als Arzt unterstehen Sie der Schweigepflicht, von der es nur wenige Ausnahmen (konkludentes Einverständnis, Schweigepflichtentbindung, rechtfertigender Notstand) gibt.
5. Mit der Approbation dürfen Sie (zunächst private) Rezepte ausstellen und müssen, als behandelnder Arzt, im Sinne der Garantenstellung Notfallversorgung leisten.

Quellen

Ärztekammer Berlin (www.aerztekammer-berlin.de)
Arzneimittelkommission der deutschen Ärzteschaft (akdae.de)
Bundesärztekammer (www.bundesaerztekammer.de)
Dütz W, Thüsing G. Arbeitsrecht. München: C. H. Beck 2012.
Eckart WU. Geschichte der Medizin. Heidelberg: Springer 2005.
Hartmannbund (www.hartmannbund.de)
Jäckel C. Der Arzt als Ersthelfer am Notfallort: Sorgfaltspflichten und Haftung. (www.bda-hausaerzteverband.de/artikel/recht_251006_lang.pdf)
Karow T, Lang-Roth R. Allgemeine und spezielle Pharmakologie und Toxikologie. Thomas Karow Verlag, 12. Aufl. 2004.
Laufs A, Kern BR (Hrsg). Handbuch des Arztrechts. München: Verlag C. H. Beck 2010.
Marburger Bund (www.marburger-bund.de)
Merkblätter Schweigepflicht der Ärztekammern (z. B. www.aerztekammer-berlin.de)
OLG München; Az.: 1 U 4142/05 vom 06. 04. 2006 (Erste Hilfe in der Freizeit).
Sozialgesetzbuch V (www.sozialgesetzbuch-sgb.de)
Strafgesetzbuch (www.gesetze-im-internet.de)
Wikipedia (de.wikipedia.org/wiki/Rechtliche_Aspekte_bei_Hilfeleistung)
World Medical Association (www.wma.net)

3 Ziele definieren – vor dem Start

3.1 Stellenwert der Facharztweiterbildung

Um langfristig als Arzt in Deutschland zu arbeiten, ist eine Facharztweiterbildung dringend zu empfehlen. Dennoch ist sie nicht verpflichtend oder Voraussetzung, um eine leitende Funktion auszuüben oder eigenverantwortlich zu arbeiten. Um jedoch in irgendeiner Form Karriere in der Medizin zu machen, sei es als Oberarzt, Chefarzt oder in der Niederlassung, wird heute eine abgeschlossene Weiterbildung in einem der Gebiete der Weiterbildungsordnung der Landesärztekammern unbedingt empfohlen, weil es der wichtigste **Qualifikationsnachweis** innerhalb der selbstverwalteten Ärzteschaft ist.

Zudem ist eine Facharztweiterbildung ein **finanzieller Faktor**, da im stationären Bereich die Gehälter für Facharztstellen höher dotiert sind, und ein Weg in leitende Positionen sehr viel souveräner beschritten werden kann. Im ambulanten Sektor können erst Leistungen mit den **gesetzlichen Krankenkassen** abgerechnet werden, wenn eine Kassenzulassung erworben wurde, wozu wiederum die Facharztbezeichnung vorliegen muss.

Auch wenn im Laufe der ärztlichen Tätigkeit Interesse an einer nicht-klinischen Tätigkeit, wie z.B. in den Medien, in der Gesundheitswirtschaft oder in der Politik, wächst, kann der Abschluss einer Facharztweiterbildung bei der **Profilbildung** behilflich sein. Es wird dadurch deutlich, dass die entsprechende Person auch klinisch arbeiten kann und einen großen Erfahrungsschatz mitbringt, der für viele außerklinische Bereiche (z.B. im Pharmaunternehmen) ein unverzichtbares Gut darstellt. Noch wichtiger ist die Erlangung einer beliebigen Facharztbezeichnung für den jeweiligen Arzt selber, da sie eine inhaltliche und ökonomische Absicherung bedeutet. So besteht mit absolvierter Facharztbezeichnung jederzeit die Möglichkeit, sich um eine Niederlassung zu bemühen oder eine Facharztstelle in der Klinik anzustreben, wenn der eingeschlagene außerklinische Weg im „Nirwana“ endet.

Ebenso wichtig ist es in der Medizin sich zu vernetzen, um die Fülle an Möglichkeiten genießen zu können. Als Arzt haben Sie viele verschiedene Möglichkeiten, sich an der Gestaltung des Berufes und des Gesundheitswesens zu beteiligen, was anderen Berufsgruppen, die sich nicht selbst verwalten, nicht so einfach möglich ist. Sie werden es nicht schaffen, sich überall einzubringen, aber ein Element an außerklinischem Engagement hat schon vielen geholfen, mehr das „große Ganze“ an der Medizin und dem Arztberuf zu sehen und nicht in der Stationsarbeit unterzugehen. Das Schöne ist, dass Synergien entstehen und sich durch den Austritt aus dem klinischen Alltag viele neue Perspektiven ergeben (► Abb. 3-1). Ob Sie sich lieber eine wissenschaftliche Fachgesellschaft ansehen, mit einem Berufsverband Kontakt aufnehmen, in der Ärztekammer

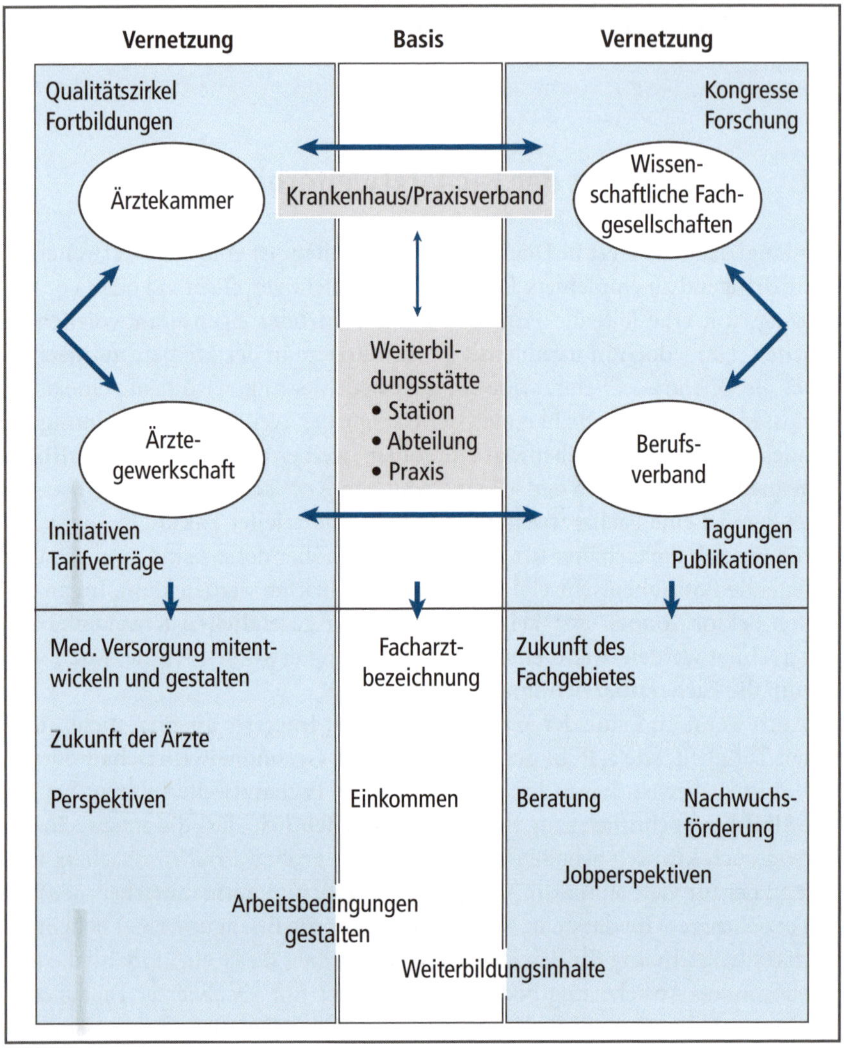

Abb. 3-1 Entstehende Synergien (Pfeile) und Gewinne (unterer Teil) beim Übertreten der Schwelle der Arbeits- / Weiterbildungsstelle innerhalb der medizinischen Welt.

oder Ärztegewerkschaft aktiv werden, z. B. im Qualitätszirkel, oder einer Arzneimittelkonferenz mitwirken, ist dabei nicht so wichtig.

Wenn wir über die Weiterentwicklung der ärztlichen Fähigkeiten und das Erlernen weiterer Inhalte sprechen, müssen wir unbedingt folgende Elemente voneinander unterscheiden:

1. **Ärztliche Ausbildung:** Hierbei handelt es sich um die Ausbildung zum Arzt, die durch das Studium der Humanmedizin erlangt wird und mit der Ärztlichen Prüfung abschließt. Danach ist die Genehmigung zur ärztlichen Berufsausübung, die Approbation, zu beantragen.

2. **Ärztliche Weiterbildung:** Sie beinhaltet gemäß der Bundesärztekammer „das Erlernen ärztlicher Fähigkeiten und Fertigkeiten nach **abgeschlossener ärztlicher Ausbildung** und Erteilung der Erlaubnis zur Ausübung der ärztlichen Tätigkeit. Kennzeichnend für die Ärztliche Weiterbildung ist die praktische Anwendung ärztlicher Kenntnisse in der ambulanten, stationären und rehabilitativen Versorgung der Patienten".
3. **Ärztliche Fortbildung:** Die Fortbildung wird begleitend über das gesamte Berufsleben von Ärzten in Deutschland verlangt und in dem s. g. CME-Punktesystem durch die Ärztekammern überprüft, sofern eine Ärztliche Weiterbildung (Punkt 2) abgeschlossen wurde.

Es wird deutlich, dass für Sie insbesondere Punkt zwei, die Ärztliche Weiterbildung, relevant ist, da Sie bald oder bereits jetzt die ärztliche Ausbildung beendet haben. Die unterschiedlichen **Landesärztekammern** haben, orientiert an den Vorgaben der Bundesärztekammer, Weiterbildungsordnungen beschlossen. Durch den Föderalismus in Deutschland sind für Fragen der Ärztlichen Weiterbildung die Landesärztekammern als s. g. „Körperschaften des öffentlichen Rechts" zuständig.

Die Bundesärztekammer gibt eine „Musterweiterbildungsordnung" als Empfehlung heraus, die an verschiedenen Stellen von den wirksamen Beschlüssen der Landesärztekammer abweichen kann (s. auch Liste im Anhang). Wichtig ist für Sie, dass die Weiterbildungsordnung der Landesärztekammer, in der Sie Mitglied sind, als verbindlich betrachtet werden muss. Es macht also Sinn (wenn auch nicht sonderlich viel Spaß), sich schon am Beginn der Weiterbildung mit der Paragraphensammlung vertraut zu machen, um nicht etwas Wichtiges zu übersehen. Die aktuell gültigen Weiterbildungsordnungen erhalten Sie auf der Homepage der jeweiligen Ärztekammer (► Kap. 2.2.2 und ► Anhang).

Berücksichtigen Sie, dass Sie sich nach der *aktuellen* Version der Weiterbildungsordnung richten können, aber auch nach der Fassung, die zu *Beginn* Ihrer Weiterbildung oder später gültig war!

Im Rahmen der Weiterbildungsordnung gibt es noch einmal drei Bereiche, die unterschieden werden müssen:

1. **Facharztbezeichnungen:** Der für Sie zunächst relevante Weiterbildungsschritt. Es wird profundes ärztliches Wissen und Können im entsprechenden Gebiet bescheinigt.
2. **Schwerpunktweiterbildungen:** Diese Form der Weiterbildung dient dem Erwerb von besonderer Expertise in einer Subspezialisierung (z. B. onkologische Urologie oder forensische Psychiatrie). Es handelt sich um eine Vertiefung bestimmter Kenntnisse im Fachgebiet.
3. **Zusatzbezeichnungen:** Sie können auf zusätzlichen Gebieten (wie Notfallmedizin in Ergänzung zur Inneren Medizin) zur Facharztbezeichnung hinzu erworben werden. Es handelt sich um das Fachgebiet ergänzende Inhalte.

Wenn Sie sich entschieden haben, in welchem Fachgebiet Sie die Ärztliche Weiterbildung absolvieren möchten, gibt es im Rahmen der Stellensuche einiges zu beachten. Nicht ungewöhnlich ist es auch, dass man als frisch approbierter Arzt noch nicht sicher weiß, wohin es einen im unübersichtlichen Ozean namens Medizin einmal tragen wird. Dennoch empfiehlt es sich, sofern der Wunsch vorhanden ist, erst klinisch zu arbeiten, bereits „Weiterbildungszeit" zu sammeln, um sie später auf eine angestrebte Weiterbildung anrechnen lassen zu können, sofern die Weiterbildungsordnung (WBO) dies zulässt. Sie werden bei der Durchsicht der WBOs feststellen, dass sich die Weiterbildung – in einigen Fächern mehr als in anderen – wie ein Puzzle zusammensetzen lässt aus stationärer und ambulanter Zeit, Abschnitten auf der Intensivstation, Anzahl bestimmter Untersuchungen, bestimmten Rotationen in Nachbarfächern, z. B. in der Neurologie und Psychiatrie, der Inneren Medizin und Allgemeinmedizin wie auch der Radiologie mit einer Weiterbildungsmöglichkeit von bis zu einem Jahr in den Fächern der direkten Patientenversorgung (► Abb. 3-2 und ► Anhang).

Sind Sie nun auf der Suche nach der ersten Stelle als Arzt, empfiehlt es sich, darauf zu achten, dass es sich bereits um eine Weiterbildungsstelle handelt. Es ist nämlich ganz und gar nicht selbstverständlich, dass jeder Chefarzt oder jeder Betreiber einer großen Praxis oder einer Klinik auch eine gültige **Weiterbildungsbefugnis** besitzt. Diese muss durch den weiterbildungsbefugten Arzt bei der Ärztekammer beantragt werden, die dann bei entsprechender Eignung eine Weiterbildungsbefugnis für eine gewisse Zeit ausstellt, z. B. 12 oder 24 Monate oder teilweise auch „für die volle Weiterbildungszeit".

! Schaffen Sie sich lieber Klarheit und fragen Sie bei der **Ärztekammer** die Weiterbildungsbefugnis der entsprechenden Stelle ab (telefonisch, persönlich oder über ein Verzeichnis auf der Homepage – Gesprächsprotokoll anfordern). Denn: Die Aussagen einiger Chefärzte decken sich nicht zwangsläufig mit den real vorhandenen **Weiterbildungsbefugnissen** bei der jeweiligen Ärztekammer. Und die Ernüchterung nach hartem Einsatz und viel Knochenarbeit darüber, dass die geleistete Zeit nicht für die Weiterbildung anerkannt wird, hat schon manchen Arzt in Weiterbildung ein gesundes Misstrauen gelehrt.

Viele Kliniken werben mit ausgefeilten **Rotationen**, sodass alle Inhalte der Weiterbildung innerhalb der Mindestdauer, die je nach Fachrichtung zwischen vier und sechs Jahren ausmacht, erlangt werden können. Es gibt jedoch immer noch viele Weiterbildungsbefugte, die Ärzte in Weiterbildung zwar mit Versprechungen locken, aber vor allem darauf bedacht sind, ihren Klinikbetrieb zu gewährleisten – häufig auf Kosten der Weiterbildung. Es ist also empfehlenswert, sich im Vorfeld ausführlich nach Rotationen und der Erlangung von Weiterbildungsinhalten, insbesondere der s. g. „Flaschenhälse" (also dort, wo viele hin wollen, z. B. Sonographie, Intensivstation, OP) zu informieren. Chefs, die bei Nachfragen schon unruhig werden oder ausweichend antworten, könnten etwas zu verbergen haben und ihren Weiterbildungsauftrag nicht allzu ernst nehmen.

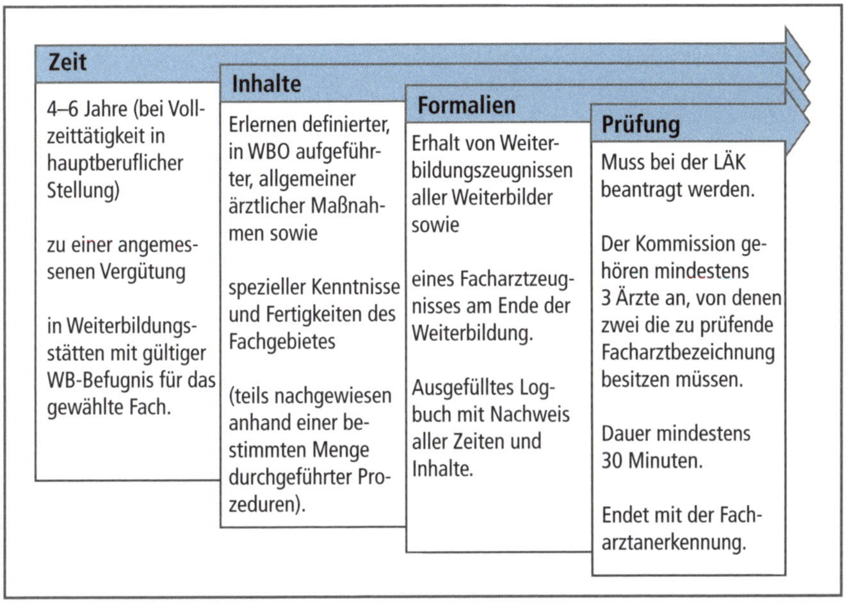

Abb. 3-2 Der Weg zur Facharztqualifikation.

Es zeichnet sich durch den Mangel an Ärzten in Deutschland ab, dass die Kliniken und Praxen sensibler für das Thema Weiterbildung werden und erkennen, dass sie nur durch eigens gut ausgebildetes Personal und attraktive Arbeitsbedingungen Mitarbeiter finden und an sich binden können.

Zu erwähnen ist noch die prinzipielle Möglichkeit, die Weiterbildung zum Facharzt in Teilzeit zu absolvieren, was z. B. für Frauen oder Männer mit Kindern eine Rolle spielen könnte, bei chronischen Erkrankungen oder bei einem „zweiten Standbein" mit einer nicht-ärztlichen Nebentätigkeit beispielsweise. Die Absolvierung der Weiterbildung in Teilzeit muss bereits am Beginn (!) der Weiterbildung der zuständigen Ärztekammer gemeldet werden (z. B. über ein Online-Formular; Liste der Landesärztekammern ► Anhang).

3.2 Schon entschieden? – die Fächerwahl

In welchem medizinischen Fachgebiet möchten Sie die nächsten 30 oder sogar 40 Jahre arbeiten? Was in der Medizin interessiert Sie möglicherweise so brennend, dass Sie ohne größeres Nachdenken in diesem Bereich arbeiten möchten? Schwierige Fragen! Nachdem Sie im Studium mit seinen diversen Famulaturen, Praktika, Kursen und schließlich dem Praktischen Jahr den gesamten Querschnitt der Humanmedizin kennengelernt haben, ist es für viele trotz gezielter Interessen gar nicht so einfach, sich mit voller Konzentration auf eine Spezialisierung zu stürzen und sich so auch ein Stück weit zu binden. Es ist zudem nicht selten, dass das Wunschfach sich nicht gut mit den realen Möglichkeiten bzw. sonstigen Verpflichtungen arrangieren lässt (z. B. Herz- und Thoraxchirurgie und eine Familie mit drei Kindern).

Diese verschiedenen Abwägungen und Vor- und Nachteile sind natürlich etwas sehr Persönliches und lassen sich keineswegs hier in allgemeiner Hinsicht besprechen. Neben dem Umstand, dass reale Gegebenheiten berücksichtigt werden müssen, und es „natürliche" Grenzen zwischen Wunschideal und Machbarkeit geben kann, sollte noch eines erwähnt werden: Wenn Sie ein Interesse haben, zerbrechen Sie sich nicht zu sehr den Kopf. Kollegen und Kommilitonen nennen einem häufig allgemeine Vor- oder Nachteile einer „Facharztweiterbildung", letztlich lässt sich eine so komplexe Entscheidung jedoch nicht am runden Tisch planen. Auch was die derzeitigen Aussichten, z. B. für ambulante Verdienstmöglichkeiten, angeht, gibt es immer wieder Tabellen (auch in der Laienpresse). Letztlich ist Ihr Verdienst aber nicht vorherzusagen. Man muss auch bedenken, dass – gerade wenn Interesse und Knowhow vorhanden sind – Honorare für Vorträge, Fortbildungen oder Publikationen zu Einnahmen aus der Praxis oder zum Facharztgehalt dazukommen. Eine solch komplexe Entscheidung, wie die Wahl der medizinischen Fachrichtung, die in der Tat große Auswirkungen für Ihr Leben haben kann, fällt unsere Psyche – das ist wissenschaftlich erwiesen – viel intuitiver als wir denken. Der britische Neurowissenschaftler António Damásio beschreibt in seinem Buch „Descartes' Irrtum" wie wichtig unser Bauchgefühl als „somatischer Marker" sei, wenn wir weitreichende Entscheidungen wie die des beruflichen Weges treffen. Diese „limbischen Impulse" aus dem Bauch seien das, was wir Intuition oder Instinkt nennen. Sie würden uns ohne Umwege und auf Grundlage unserer komplexen Vorerfahrungen zeigen, was gut oder schlecht für uns sein könnte, ohne dass sich das kognitiv nachvollziehen ließe. Unser Gehirn kann solch komplizierte Entscheidungsprozesse gar nicht bewusst und formal-logisch erfassen. Deshalb ist es sehr zu empfehlen, angemessen auf die Gefühle zu achten, wenn Sie sich mit weitreichenden persönlichen Entscheidungen wie der Fächerwahl beschäftigen: Gefühle helfen dabei, die Wahlmöglichkeiten auf ein handhabbares Maß einzuengen.

Welche Weiterbildungsmöglichkeiten bieten sich Ihnen? Die möglichen Weiterbildungsgänge sind in **33 Gebiete** unterteilt, z. B. das Gebiet Chirurgie oder das Gebiet Innere Medizin, unter denen wiederum verschiedene Facharztbezeichnungen erlangt werden können, wie z. B. „Facharzt für Gefäßchirurgie" oder „Facharzt für Innere Medizin und Gastroenterologie". Teilweise liegt den Gebieten eine gemeinsame Basisweiterbildung (wie in der Chirurgie und der Inneren Medizin) zugrunde, die über zwei oder drei Jahre der gemeinsame Ausgangspunkt für die folgende Subspezialisierung ist. Um sich bei der Entscheidungsfindung die verschiedenen beruflichen Möglichkeiten als Arzt vor Augen zu führen, möchte ich Ihnen ein paar gängige Einteilungen nach Arbeitsweise und Herangehensweise nennen (s. aber auch detaillierte Tabelle im Anhang).

Zunächst kann man grob zwischen **ärztlich-kurativer** und **nicht-kurativer** Tätigkeit unterscheiden. Als kurativ gilt alles, was irgendwie Gesundheit erzeugen soll. Es kann für Sie also zur Debatte stehen, ob Sie in einem klassischen ärztlichen Beruf arbeiten möchten oder vielleicht eine Tätigkeit in einem alternativen Berufsfeld anstreben (z. B. bei einer Versicherung, einer [Fach-]Zeitschrift, einem Pharmaunternehmen).

Möchten Sie kurativ arbeiten, können noch einmal die **patientennahen Fächer** (Fächer der direkten Patientenversorgung) gegenüber **den anderen Spezialisierungen** wie Radiologie, Mikrobiologie, Hygiene, Umweltmedizin, Epidemiologie etc. oder einem präventiv ausgerichteten Fach, wie der Arbeitsmedizin, unterschieden werden.

Die verbleibenden Fächer der direkten Patientenversorgung können dann noch in **konservativ** und **chirurgisch** unterteilt werden. Um hier eine Entscheidung zu treffen, sollten Sie also ein Gefühl dafür bekommen, ob Sie im OP arbeiten möchten, sprich ob Ihnen ein chirurgisches Fach „liegt". Chirurgische Fächer sind die Viszeral-, Thorax- und Unfallchirurgie / Orthopädie, auch aber die s. g. kleinen chirurgischen Fächer Augenheilkunde, Hals-, Nasen- und Ohrenheilkunde, Urologie und die Gynäkologie / Geburtshilfe.

Eine andere Einteilung der Patienten-versorgenden Fächer ist in folgende drei Querschnittsbereiche, orientiert an ihrer führenden Therapieform, möglich:

1. Chirurgisch
2. Medikamentös
3. Psychotherapeutisch

Hierbei ist zu erwähnen, dass die meisten Fächer in mehrere dieser drei Kategorien passen und je nach eigener Ausrichtung unterschiedlich stark besetzt werden können. So gibt es z. B. in der Orthopädie umfangreiche medikamentöse Therapeutika, auch aber operative Möglichkeiten. Es liegt dann an der eigenen Ausrichtung, ob man sich z. B. in einer allgemein-orthopädischen Praxis niederlässt und konservativ-medikamentös behandelt oder ob man als Operateur in einem Wirbelsäulenzentrum arbeitet. Ebenso kann man im Fachgebiet Psychiatrie und Psychotherapie sehr pharmakologisch einerseits oder psychotherapeutisch anderseits arbeiten.

Mit dieser Aufteilung möchte ich Ihnen aufzeigen, dass es möglicherweise auch sinnvoll sein kann zu durchdenken, wie Sie in Ihrem ärztlichen Beruf „therapieren" möchten (und können) und dann zu schauen, in welchen Fächern diese Therapieform vertreten ist. Die Grenzen sind oftmals fließender, als man denken mag, und Spezialisierungen können durch diverse Zusatzbezeichnungen und Schwerpunktbezeichnungen erworben werden.

Eine Zusammenfassung weiterer wichtiger Fragen zur Wahl des Fachgebietes zeigt ► Tabelle 3-1. Es kann sich lohnen, Ihre Fächerwahl noch einmal auf diese Punkte zu überprüfen, ohne das Bauchgefühl außer Acht zu lassen!

Tab. 3-1 Übersicht wichtiger Fragen zum gewählten Fachgebiet.

Nähere Fragen zum (Wunsch-) Fachgebiet	Erläuterung
Interessiert mich das Fach?	• Habe ich wirklich Lust darauf? • Das Fachgebiet sollte mir wirklich gefallen, und ich sollte mich dafür interessieren (→ hospitieren → Kongress besuchen → zum Berufsverband Kontakt aufnehmen).
Liegt mir das Fach?	• Habe ich bereits klinische Fertigkeiten im Fachgebiet erproben können? • Ging mir die Arbeit gut von der Hand? • Sind die dazugehörigen Krankheitsbilder und die typischen Patienten des Fachgebietes für mich gut zu bewältigen?
Welche Abstriche muss ich machen?	• Was bietet mein Wahlfach nicht? • Kann ich darauf verzichten? • Wie lassen sich diese Aspekte ggf. doch integrieren? • Welche Alternativen gäbe es, die nicht so große Abstriche bedeuten würden?
Wie sind die Voraussetzungen und Bedingungen für die Facharztweiterbildung?	• Wie lange muss ich in welchem Fach arbeiten (s. Anhang)? • Welche Inhalte sind dabei zu erlangen? • Wie sind die Arbeitsbedingungen? • Wo kann ich die Weiterbildung absolvieren?
Was sind spätere Job-Möglichkeiten als Facharzt für mich?	• Eignet sich mein Fach zur Niederlassung? • Handelt es sich um ein typisches stationäres Fach? Wie sind hier die Chancen auf eine Niederlassung (→ regionale Kassenärztliche Vereinigung)? • Eignet sich der Facharzt für einen Wechsel in alternative Berufsfelder?
Gibt es alternative Verdienstmöglichkeiten?	• Kann ich mit dem Facharzt als Freiberufler (Privatarzt) ohne großen Aufwand Leistungen anbieten? • Wäre die Tätigkeit als Honorararzt denkbar (→ regionale Ärztekammer)?
Möchte ich im Fachgebiet ggf. meine Promotion abschließen oder mich an der Forschung beteiligen?	• Habe ich Zugang zur Methodik des Fachgebietes? • Gibt es Arbeiten oder Veröffentlichungen von mir? • Kann ich Engagement für die Thematik aufbringen?

Tab. 3-1 (Fortsetzung)

Nähere Fragen zum (Wunsch-) Fachgebiet	Erläuterung
Ist die Weiterbildung mit Familie und Hobbys vereinbar?	• Wie sind die Arbeitszeiten? • Ist die Dienstbelastung hoch? • Sind Notfälle und Überstunden an der Tagesordnung? • Erwarte ich verständnisvolle Kollegen (→ Marburger Bund → hospitieren / Kollegen fragen → Vorstellungsgespräch)?
Wie gut kann ich in ein anderes Fachgebiet wechseln?	• Wie viel verbrachte Zeit im Fachgebiet wird mir für andere Fächer angerechnet, in die ich vielleicht wechseln möchte? • Für welches alternative Berufsfeld kann ich die erworbenen Kenntnisse noch verwenden?
Was könnte mich an meiner Entscheidung irritieren?	• *Versuchen Sie, sich nach Ihren persönlichen Wünschen, Vorstellungen und Plänen zu entscheiden! Bedenken Sie, dass Ihr Umfeld häufig ein anderes Bild und Ideal eines Arztes als Sie selber hat!*

3.3 Klinik – Praxis – Forschung

Sofern Sie an der „kurativen“, also der heilenden Medizin interessiert sind, haben Sie womöglich schon ein präferiertes Fachgebiet bzw. eine Idee, in welchem Fachgebiet Sie durchstarten möchten. Die folgende Frage würde dann lauten: In welchem Rahmen möchten Sie dies tun – stationär oder ambulant? Wenn Sie an Forschung interessiert sind, werden Sie ggf. mit dem Gedanken spielen, Ihren Fokus direkt auf wissenschaftliche Möglichkeiten Ihres Arbeitgebers zu richten.

Möchten Sie **kurativ**, also originär ärztlich arbeiten und einen der vielfältigen ärztlichen Weiterbildungsgänge der Weiterbildungsordnung (WBO) beschreiten, lässt sich sagen, dass ein Beginn im stationären Rahmen, sprich in einer Klinik, sinnvoll erscheint. Formell ist es auch möglich, mit einem ambulanten Weiterbildungsabschnitt, z. B. bei einem weiterbildungsbefugten Facharzt für Allgemeinmedizin zu beginnen. Jedoch ist es, wenn man gerade die ersten Arbeitswochen als Arzt erlebt, hilfreich, nicht so stark mit der vollen Übernahme der ärztlichen Verantwortung in der Zweierbeziehung zum Patienten zu stehen, sondern Teil eines umfangreicheren Behandlungsteams aus Stationsärzten, Oberarzt, Pflegeteam, Konsiliararzt etc. zu sein. Man kann zu Beginn durch diese direkte Form der Teamarbeit mehr lernen und muss nicht im Nachgang mit dem Praxisbetreiber viele einzelne Fragen zu den Patienten klären. Andererseits ist es rechtlich in der Klinik- und Praxis-Variante so, dass Sie als Arzt in Weiterbildung nicht alleine als behandelnder Arzt juristisch belangt werden können, sondern der weiterbildungsbefugte Arzt eine große Verantwortung übernimmt und Sie nur zu Zwecken einsetzen darf, für die er Ihren Ausbildungsstand als genügend einschätzt. Durch den Sachverhalt, dass die Patienten im Krankenhaus liegen, und Sie offene Fragen z. B. in einer täglichen Besprechung mit Ihrem Oberarzt klären und noch auf seine Anordnungen reagieren können, wird deutlich, dass diese Arbeitsweise für das erste Berufsjahr günstiger sein kann als die im ambulanten Rahmen. Möchten Sie einmal eine Praxis betreiben, können Sie dann in den folgenden Weiterbildungsabschnitten Ihre maximale ambulante Weiterbildungszeit absolvieren, die in den meisten Fachgebieten 24 Monate ausmacht (für auf ein bestimmtes Fach bezogene Informationen ▶ Anhang).

Sind Sie wissenschaftlich interessiert, können Sie sich direkt nach dem Examen auf eine geeignete Stelle bewerben, z. B. eine Stelle in einer Universitätsklinik, bei der eine Beteiligung an laufenden Forschungsprojekten erwünscht ist oder vielleicht sogar ein neuer Schwerpunkt erarbeitet werden soll. Sollte Forschung Ihr großes Ziel sein, ist es sicher sinnvoll, so schnell wie möglich damit zu beginnen. Man muss anmerken, dass einige der reinen „Forschungsstellen" aus Drittmitteln etwas schlechter dotiert sind, als die „Klinikstellen" der Universitätsklinik, auf denen man auch mehrmals bis zu 12 Monate forschen kann (ohne im gleichen Zeitraum Patienten zu versorgen und ohne Abschläge bei der Vergütung in Kauf zu nehmen).

Vielleicht überlegen Sie sich, ob Sie **Forschungsarzt** werden möchten und entsprechend weniger Wert auf eine klinische Ausbildung legen oder ob Sie insbesondere Kliniker werden möchten mit guten wissenschaftlichen Reputationen und eventueller Habilitation im Verlauf. Für den zweiten Fall wäre es tatsächlich für später hilfreich, darauf zu achten, nicht in ein großes Drittmittelprojekt verwickelt zu werden, mit dem Sie einige Jahre zu schaffen haben, ohne vorher etwas klinische Erfahrung gesammelt zu haben. Das könnte den späteren Einstieg in das klinische Arbeiten deutlich schwieriger machen, als wenn Sie schon neben der Forschung im Klinikbetrieb eingesetzt worden sind. Zudem sollten Sie beachten, dass Zeit, die Sie in Vollzeit in wissenschaftliche Projekte investieren, nicht auf die Dauer der Facharztausbildung anrechenbar ist.

! Überprüfen Sie gründlich die Bedingungen zur Forschungstätigkeit, wenn eine Stelle mit dieser Möglichkeit beworben wird: Gibt es Freistellungen von der klinischen Tätigkeit? Werden Sie einen Mentor haben? Wo wird Ihr konkreter Einsatzort sein? Wie viel hat die Klinik zum jeweiligen Thema schon publiziert?

CAVE

Wenn Sie sich mittelfristig gegen Forschung entscheiden, kann es eine Erleichterung bedeuten, im nicht-universitären Rahmen tätig zu sein. Die klinische Ausbildung kann umfassender und universeller sowie während der Alltagsroutinen deutlicher im Fokus sein. Im Uni-Klinikum kompensieren Sie als „Nicht-Forscher" ggf. die Lücken der Kollegen, die im Labor sind, und werden schlimmstenfalls auch beim Erlernen der Funktionsdiagnostik oder OP-Techniken weniger gefördert.

Möchten Sie weitere Informationen zur beruflichen Laufbahn als forschender Arzt, sollten Sie sich das Buch „Wissenschaft und Karriere in der Medizin: Ein Leitfaden für Studierende und Ärzte" einmal näher ansehen (Griese 2012).

3.3.1 Interview mit einem niedergelassenen Kassenarzt

Einige ärztliche Berufseinsteiger wissen bereits sehr genau, ob ihre langfristige Perspektive in der Klinik oder eher in der eigenen Praxis liegt. Viele sind noch unentschlossen, und mit dem Berufseinstieg besteht auch keinerlei Eile, in diesem Punkt schon entschieden zu sein. Als kleine Anregung möchte ich Ihnen Sebastian und Kerstin vorstellen, die von ihren Erfahrungen und ihrem Alltag in der Niederlassung bzw. in der Klinik berichten.

Perspektive Niederlassung: Eigene Praxis für Psychosomatische Medizin und Psychotherapie

> „Sei Dir bewusst, dass es zu unserem Beruf gehört auszuhalten, dass nicht alles gelingt, obwohl es wichtig wäre."

Sebastian ist 47 Jahre alt und hat in Brüssel und Berlin Medizin studiert. Seit 1994 hat er stationäre und teils ambulante Weiterbildungsabschnitte in der Inneren Medizin, der Neurologie, der Psychiatrie und der Psychosomatischen Medizin und Psychotherapie absolviert und ist heute Facharzt für Psychosomatische Medizin und Psychotherapie, Facharzt für Psychiatrie und Psychotherapie und Psychoanalytiker. Seit fünf Jahren ist Sebastian als Facharzt für Psychosomatische Medizin und Psychotherapie in Berlin niedergelassen.

Außer seiner umfangreichen ärztlichen Erfahrung hat Sebastian eine Familie mit vier Kindern und war zwischendurch auch mal ganztags „Hausmann". Er gewährt uns Einblick in seinen medizinischen Alltag.

Interview

Interviewer: Was magst Du an Deiner Arbeit am meisten?

Sebastian: Den Kontakt zu den Patienten. Ich höre von ihnen ganz persönliche Dinge, die ihnen wichtig sind, und das ist ein großes Geschenk sowie eine große Ehre für mich. Die ambulante psychosomatische und psychotherapeutische Arbeit ist vielfältig und sehr bereichernd. Und wenn ich mit meinen Interventionen hilfreich sein kann, ist das eine große Freude. Ich mag auch, dass es vielfältige Weiterbildungsmöglichkeiten gibt, sodass man immer noch etwas Interessantes dazulernen kann.

I: Wie sieht Dein typischer Tagesablauf aus?

S: Um 6 Uhr stehe ich auf und versuche, meine Kinder dazu zu bewegen, sich für die Schule fertig zu machen. Gegen halb 8 fahre ich in meine Praxis, von genau 7.40 Uhr bis etwa 18.30 Uhr habe ich Therapiesitzungen mit jeweils 10 Minuten Pause zwischendurch.

I: Was hat die Arbeit in der Klinik, das die ambulante Arbeit nicht bietet?

S: Was es in der ambulanten Medizin weniger gibt als im stationären Setting, ist der kollegiale Austausch über Patienten, mit denen gemeinsam gearbeitet wird, auch mit anderen Berufsgruppen wie dem Pflegepersonal und den Sozialarbeiterinnen und Sozialarbeitern. Auch gibt es in der Praxis weniger Interaktionen zwischen den Patienten untereinander als in der Klinik. Das ist schade, da diese sogenannte Gruppendynamik in der Psychosomatischen Medizin reizvoll und wirkungsvoll ist, manchmal aber nicht leicht zu handhaben.

I: Stimmt es, dass die Tätigkeit als „Kassenarzt" heute viele frustrierende Seiten hat?

S: Es ist frustrierend, immer wieder zu sehen, dass das, was man laut der Abrechnungssoftware auf dem Praxis-PC verdienen müsste, wegen der Budget-Deckelung der Kassenärztlichen Vereinigung im Quartal um ca. 1500 bis 2000 € gekürzt wird. Andererseits bleibt doch genug zum Leben übrig. Deshalb bin ich trotzdem einigermaßen zufrieden.

Frustrierend ist, doch einige Zeit für das Schreiben von Psychotherapieanträgen verwenden zu müssen, da jede der klassischen Psychotherapien in Deutschland von einem Gutachter der Krankenkasse bewilligt werden muss, bevor sie abgerechnet werden kann. Es ist wiederum sehr befriedigend, wenn ein Therapieantrag fertig ist, und nach mehreren Wochen die eigentliche Arbeit mit dem Patienten beginnen kann.

I: Bieten sich die Fächer Psychiatrie und Psychotherapie bzw. Psychosomatische Medizin und Psychotherapie für eine Niederlassung gut an?

S: Sich im Fachgebiet Psychosomatische Medizin und Psychotherapie oder als Ärztlicher Psychotherapeut niederzulassen hat folgende große Vorteile: Es gibt kaum Kosten für Geräte oder Mitarbeiter, da der Arzt gleichzeitig diagnostisches und therapeutisches Medium ist. Außerdem können wegen des hohen Zeitbedarfs pro Termin nicht so viele Patienten behandelt werden, wie in vielen anderen Fachgebieten, sodass man die Praxisorganisation und Terminvergabe weitgehend selber übernehmen kann. Zum anderen ist die Arbeitszeit relativ frei und flexibel wählbar, die Praxis kann zu einem vorhersehbaren Zeitpunkt verlassen werden. Natürlich gibt es in einer Arztpraxis auch diverse administrative und schriftliche Aufgaben, deren Dauer nicht immer vorhergesagt werden kann. Als Facharzt für Psychiatrie und Psychotherapie braucht man eine Sprechstundenhilfe, sodass mehr Kosten entstehen, die gedeckt werden müssen. Sprechstundenzeiten lassen sich nicht so einfach verschieben, da viele Patienten ohne Termin kommen.

I: Wie hast Du Deine Zeit als Arzt in Weiterbildung erlebt? Was war gut, was sollte anders sein?

S: Ich war gern in Weiterbildung. Allerdings habe ich einiges an Geld für meine Weiterbildung ausgegeben, allein die Lehranalyse dürfte ca. 20.000 € gekostet haben, wobei ich mir allerdings etwas mehr Stunden „gegönnt" habe als zwingend vom Weiterbildungsausschuss der Ärztekammer vorgeschrieben waren.

Bei den Weiterbildungsinhalten gibt es manchmal das Problem, dass die Weiterbildungsbefugten etwas Bestimmtes anbieten müssen, aber eigentlich gar nicht können. Das kann eine angestrebte Facharztweiterbildung schon mal um Monate verzögern. Deshalb halte ich es für sehr wichtig, sich frühzeitig genau Gedanken zu machen, was man alles zur Erfüllung des sogenannten Facharztkataloges braucht. Für kleine Abweichungen oder nicht erlangte Inhalte kann man in einzelnen, begründeten Fällen (z. B. der Arbeitgeber hat eine wichtige Rotation langfristig immer wieder verhindert) eine Ausnahmegenehmigung bei der Ärztekammer erhalten. Leider ist es nicht leicht, schon vorher in Erfahrung zu bringen, welche Ausnahmen im Notfall möglich sind.

I: Gibt es den typischen Praxisarzt und den klassischen Klinikarzt? Was passt zu wem?

S: In der Praxis kann man selbstverantwortlich entscheiden, ohne Rücksicht auf die Meinung von Vorgesetzten (wobei man natürlich auf viele andere Regeln und Vorschriften achten muss). Und in der Praxis macht man alle Überstunden für die eigene Praxis, nicht für einen Konzern oder ein Unternehmen, was für mich ein positives Gefühl bedeutet.

Wer die Gesellschaft von Kollegen liebt, wer nicht gern allein ist, wer lieber im Team arbeitet und wer sich in allen wichtigen Fragen beraten will, kann in der Klinik besser aufgehoben sein. Dort gibt es eher die akut und schwerer erkrankten Patienten – das kann sehr reizvoll, aber auch sehr anstrengend sein. Wer eher Befürchtungen vor der wirtschaftlichen Selbstverantwortung hat, bleibt lieber in der Klinik. Dort kann er theoretisch auch arbeitslos werden, aber nicht pleitegehen oder Schulden anhäufen.

Wer nicht gut im Team oder unter Vorgesetzten arbeiten kann, ist in der Praxis besser aufgehoben. Wer gerne seine Zeit selber einteilt, auch. Und wer keine Nachtdienste mag, wird sich freuen, wenn er in der Praxis ist.

I: Was muss man alles bedenken, wenn man eine eigene Praxis betreiben möchte?

S: Zunächst braucht man einen Kassensitz, falls man eine Kassenpraxis haben will. Und der ist meist nur mühsam und für Geld zu bekommen, das man haben oder abbezahlen muss. Ich habe damals noch einen offenen Kassensitz kostenfrei bekommen.

Zudem braucht man Räume. In meinem Fachgebiet Psychosomatische Medizin und Psychotherapie gibt es einen gewissen Mangel in der Patientenversorgung, sodass keine

Konkurrenz zwischen den Kollegen der gleichen Fachrichtung besteht. Die Praxis sollte aber verkehrstechnisch gut erreichbar sein. Bei den Kassenärztlichen Vereinigungen einiger Bundesländer soll man auch verpflichtet sein, Parkplätze für Patienten bereitzustellen und einige weitere äußere Bedingungen zu erfüllen, also muss man sich rechtzeitig erkundigen.

Und man braucht natürlich Patienten, möglichst nicht die Freunde der Freunde oder Verwandten, sondern die von Kollegen aus Praxen oder Kliniken geschickt werden. Da muss man also auf sich aufmerksam machen. Es kann sinnvoll sein, Kollegen aus der Umgebung zu einer Praxiseröffnung einzuladen – es ist wichtig, die Kollegen anzuschreiben und genau darauf hinzuweisen, welche Patienten sie einem schicken können und ggf. welchen Schwerpunkt man hat, der einen von anderen Kollegen unterscheidet.

Für mich sind die wichtigsten Zuweiser Kollegen, die ich schon vor meiner Niederlassung, z. B. aus der Zeit als Arzt in Weiterbildung kannte (!).

I: Was ist Dein Ausgleich zur Arztpraxis und woraus schöpfst Du Kraft?

S: Mein Ausgleich ist meine Familie. Für Freunde und Hobbys bleibt daneben wenig Zeit bzw. mir ist es wichtiger, die Zeit, die ich nicht arbeite, mit meiner Familie zu verbringen. Ich habe nämlich vier Kinder, die im Moment alle noch jung sind. Meine Kraft schöpfe ich aus meiner Lebenszufriedenheit mit Familie und Arbeit, auch der Glaube spielt eine Rolle. Jedem Neubeginn wohnt ein Zauber inne, und so kann man durch Ärztliche Weiterbildung und Fortbildungen – wie ich finde – vor allem im psychotherapeutischen Bereich immer wieder neue Perspektiven einnehmen und damit neuen Schwung bekommen.

I: Kannst Du jungen Kollegen an der Schwelle zum Berufseinstieg etwas mit auf den Weg geben?

S: Schaue, was Du bei der Arbeit gerne tust, und dann schaue, wo Du das tun kannst und wie Du davon leben kannst.

Wenn etwas nicht gut gelingt, sei Dir bewusst, dass es zu unserem Beruf gehört auszuhalten, dass nicht alles gelingt, obwohl es wichtig wäre. In der Regel haben Kollegen und Vorgesetzte dafür mehr Verständnis als man erwartet und in der Hektik des klinischen Alltags vermittelt bekommt. Es ist aber unbedingt unsere Verantwortung nie aufzuhören, bei Misserfolgen zu fragen, ob es etwas gibt, was wir daraus lernen können.

Weitere Informationen zum Fachgebiet Psychosomatische Medizin und Psychotherapie bekommen Sie über den Bundesverband für Psychosomatische Medizin und Ärztliche Psychotherapie (BDPM) e. V. unter www.bdpm-online.de oder bei der Deutschen Gesellschaft für Psychosomatische Medizin und Ärztliche Psychotherapie (DGPM) e. V. unter www.dgpm.de. Die Weiterbildung ist zunehmend auf die Schnittstelle von Organmedizin und Ärztlicher Psychotherapie ausgerichtet und kann am besten im Weiterbildungsverbund aus Facharztpraxen und Kliniken absolviert werden.

3.3.2 Interview mit einer Krankenhausärztin

Perspektive Krankenhaus: Facharztweiterbildung für Innere Medizin in der Klinik

> „Die Patienten freuen sich über junge, engagierte und motivierte Ärzte und geben einem das auch zurück."

Kerstin ist 31 Jahre alt und hat gerade ihre Facharztprüfung für Innere Medizin bestanden. Ihre Ärztliche Weiterbildung hat sie direkt nach dem Examen begonnen und größtenteils in einem Krankenhaus der Maximalversorgung bei einem privaten Klinikbetreiber absolviert. Sie gibt uns Einblick in ihre Zeit als Ärztin in Weiterbildung.

Interview

Interviewer: Was waren Deine Beweggründe, den Facharzt für Innere Medizin zu machen? Hattest Du schon einen festen Plan?

Kerstin: Bei einem Praktikum in der Inneren Medizin, etwa im 8. Semester, hatte ich das „Aha-Erlebnis", dass sich die vielen Einzelheiten zu einem Ganzen zusammengefügt haben, und ich hatte das Gefühl, dass ohne Innere Medizin der ganze Rest auch nicht verständlich sein kann. Außerdem ist die „Innere" als Fachgebiet so schön riesig und vielfältig, da kann man gar nicht zum „Fachidioten" werden.

Aber einen festen Plan? Also die allgemeininternistische Weiterbildung, die ich schließlich beendet habe, war schon Plan B – nach einem Fehlstart in einer internistischen Spezial-Abteilung einer Uniklinik. Dort hatte ich ziemlich schnell gemerkt, dass ich erst mal den Stationsalltag samt der praktischen Grundkenntnisse kennenlernen und beherrschen wollte, bevor ich eine Spezialsprechstunde abhalte – ich mag es, wenn die Medizin breit gefächert bleibt.

I: Wie war die erste Zeit in der Klinik für Dich – warst Du gut auf den Beruf vorbereitet?

K: Ich hatte das Glück, dass ich nach einem kurzen Ausflug an die Uniklinik direkt in der Klinik anfangen konnte, in der ich auch schon mein Praktisches Jahr (PJ) gemacht hatte. Und dann kam der Luxus dazu, dass ich eine Kollegin mit acht Jahren Berufserfahrung hatte, die mich „unter ihre Fittiche" genommen hat. Im Nachhinein sehe ich das als großes Glück und große Ausnahme an. Trotz all der Unterstützung und der guten Bedingungen (Klinik samt Räumlichkeiten und Schwestern sowie Kollegen schon bekannt) habe ich mich sehr schwer getan, hatte Probleme mit der großen Verantwortung und Angst vor den Diensten. Ich glaube aber schon, dass das Studium mit anschließendem PJ genug Möglichkeiten der Vorbereitung auf den Beruf bietet.

Es kann einen eben keiner darauf vorbereiten, dass man im Notfall das EKG-Gerät zwar in der hintersten Stationsecke finden und die Elektroden korrekt aufkleben kann, dass einen dann die Aufregung aber partout nicht den Einschaltknopf finden lässt …

Allerdings war mir im Studium oft nicht bewusst, dass ich Dinge, die ich da einmal gehört und vielleicht einmal geübt hatte, beim nächsten Mal selber tun muss: nach dem in der Medizin verbreiteten Motto „see one – do one – teach one".

I: Wie zufrieden warst Du mit dem Ablauf Deiner Ärztlichen Weiterbildung?

K: Sehr zufrieden und gleichzeitig sehr unzufrieden: Ich hatte die wohl einmalige Gelegenheit in fünf Jahren bei einem Arbeitgeber angestellt drei Häuser (Maximalversorger, Spezialklinik, Grundversorger) und sieben verschiedene Kliniken/Stationen kennenzulernen. Alle wichtigen Teilgebiete der Inneren Medizin habe ich dadurch selber erlebt und dort gearbeitet. Das war sehr vielseitig und sicher gut für meine Ärztliche Weiterbildung.

Auf der Strecke blieben dabei in allen Teilgebieten die spezielleren Funktions- und Interventionsabteilungen. Meine Ausbildung in der Sonographie und Echokardiographie war, freundlich ausgedrückt, unzureichend, von interventionellen Fähigkeiten wie der Endoskopie ganz zu schweigen. Aber EKGs habe ich wohl an die 5000 interpretiert.

I: Wie kommt es, dass so wichtige Fähigkeiten, die Du gerade beschrieben hast, nicht vermittelt werden?

K: Sonographie zu lernen dauert seine Zeit – gute „Lehrer" werden für die Patientenversorgung gebraucht, die Assistenzärzte für die Station. Dienste, Überstunden und die Arbeitsbelastung hindern daran, dass Motivation für Extra-Übungsstunden da ist – wer schafft es denn beispielsweise nach einem anstrengenden Nachtdienst noch, sich in die Funktionsdiagnostik einzuarbeiten?

I: Gibt es ganz spezielle Dinge, die Du am Arzt-Sein im Krankenhaus magst?

K: Ich mag die Möglichkeiten, die ich dort z. B. diagnostisch zur Verfügung habe. Manchmal wird es doch erst medizinisch spannend, wenn ambulante Möglichkeiten ausgeschöpft sind. Viele aufwendige Therapien sind nur stationär möglich. Ich mag aber auch die Sicherheit, dass ich bestimmte Befunde noch bekomme, bevor der Patient wieder zu Hause ist … Und ich mag Kollegen um mich haben – am liebsten aus verschiedenen Fachrichtungen, um Fragen gleich an der richtigen Stelle loswerden zu können. Und ganz ehrlich: Ich kenne bisher nur Arzt-Sein im Krankenhaus und fand schon die ambulant-stationäre Schnittstelle in der Notaufnahme spannend und neu.

I: Falls es spezielle Belastungen oder Fallstricke bei Deinem Berufseinstieg gab, würden wir uns freuen, wenn Du uns jetzt davor warnen könntest.

K: Ich warne eindringlich davor, mit der Einstellung „Ich bin ein kleiner Assistenzarzt, arbeite einfach noch zu langsam und schreibe lieber nicht auf, wie viele Überstunden ich gemacht habe, das steht mir nicht zu" anzufangen … Du hast studiert, und Du bist jetzt Arzt, aber Du bist Anfänger und die, die Dich eingestellt haben, wussten das, also müssen sie Überstunden anerkennen oder Dich besser unterstützen.

Dann warne ich davor zu denken: „Wenn ich nur gut genug meine Stationsarbeit mache, dann darf ich auch mal in die Sonographie", anstatt aufzustehen und zu sagen, dass das zur Basisausbildung gehört und zwar sobald die Weiterbildung begonnen hat. Das Recht auf Weiterbildung muss nicht erst verdient werden!

I: Mit welchen privaten Einschränkungen muss man rechnen, wenn man als Arzt in Weiterbildung in der Klinik arbeitet?

K: Das kommt wohl auf die Klinik und auf den Weiterzubildenden an. Ich hoffe ja, dass sich die Arbeitszeiten (und Arbeitsbedingungen insgesamt) in der Zukunft weiter bessern. Ich habe in den fünf Jahren durch das häufige Stationswechseln immer nur sehr kurzfristig meinen Urlaub planen können, hatte nur einmal drei Wochen am Stück frei. Es gab Zeiten, da kamen (inklusive Dienste) im Monat 240 Arbeitsstunden zusammen. Ich habe im 3- und 4-Schicht-Betrieb gearbeitet und oftmals jedes zweite Wochenende Dienst gehabt. Es kann dann passieren, dass an freien Tagen kein anderer frei hat, oder die anderen Freunde einfach vergessen haben, dass auch Ärzte mal ein freies Wochenende haben.

I: Welche Fähigkeiten sollte ein Uni-Absolvent mitbringen, wenn er sich auf die Innere Medizin oder andere konservative Fächer stürzen möchte?

K: Interesse am großen Ganzen, um fächerübergreifend Dinge zu verstehen und zusammenführen zu können, Kommunikationsfähigkeiten, um mit Patienten und Angehörigen umgehen zu können, die Bereitschaft, sich mit Leid und Tod zu beschäftigen und dazu seine eigene, gesunde Haltung zu finden. Das gilt wohl für alle Fachrichtungen, ich denke, für die „Innere" noch mal ganz besonders – wenn ich beispielsweise an die Krebserkrankungen denke, die neben der Onkologie auch in der Gastroenterologie und der Pulmologie eine große Rolle spielen und zunehmend auch in der Intensivmedizin wichtig werden.

I: Für wie wichtig hältst Du einen diplomatischen bzw. professionellen Umgang mit Patienten, Angehörigen und Kollegen?

K: Ich finde Respekt unbedingt wichtig für den Umgang mit Kollegen, insbesondere in diesem hierarchischen System, das in Krankenhäusern noch herrscht. Da sollte das dann aber auch für alle Hierarchiestufen gelten. Meine Diplomatie endet nämlich, wenn Chefs ihre Assistenten anbrüllen oder Chirurgen den Anästhesisten beleidigen.

Mit Angehörigen ist oft Diplomatie gefragt – das Wort passt auch gut in die oft auf Gewinn- und Patienten- und Angehörigenbewertungsfreundlichkeit angewiesene private Krankenhauswelt. Lieber wäre mir für den Umgang mit Patienten aber Empathie und Freundlichkeit – dafür ist ein bisschen Zeit nötig – und ein einigermaßen entspannter Assistenzarzt. Meine Vision ist eigentlich, dass zu einem Team auf einer Station auch ein in Kommunikation geschulter Mitarbeiter gehört, der bestimmte Prozesse mediieren (Anmerkung: Konflikte professionell beilegen) kann und in schwierigen Situationen Hilfestellung gibt.

I: Gibt es etwas, das Deiner Meinung nach in der Ärztlichen Weiterbildung verbessert werden sollte?

K: Ich wünsche mir eine Art Mentoring-System auf den Stationen, eine bessere Mischung der verschiedenen Weiterbildungsstände, sodass jeder Anfänger einen Kollegen hat, der auch für ihn zuständig ist und dafür Zeit hat, auf manches noch mal drauf zu schauen, Fragen bespricht und bei der Strukturierung des Arbeitsalltags hilft. Davon könnten – glaube ich – alle Beteiligten lernen.

I: Würdest Du die gleiche Weiterbildung wieder machen?

K: Ja, gerne. Aber mit den Änderungen, die ich schon angedeutet habe: alle Überstunden dokumentieren und kommunizieren, mehr Weiterbildungszeit während der Arbeitszeit einfordern und wahrnehmen. (Dann muss jemand anderes die Patienten betreuen oder das Angehörigengespräch ausfallen – ohne gute Weiterbildung kann ich auch nicht gut helfen.)

I: Was kannst Du jungen, motivierten Kollegen mit auf den Weg geben?

K: Innere Medizin im Krankenhaus ist sehr interessant und vielfältig, die Patienten freuen sich über junge, engagierte und motivierte Ärzte und geben einem das auch zurück.

In der Inneren Medizin kann man allerdings auch ziemlich tief abtauchen und das Leben um sich herum versäumen. Man sollte darauf achten, als Ausgleich zur anstrengenden Tätigkeit, Hobbys zu pflegen und sich einen Freundeskreis aufrechtzuerhalten.

Weitere Informationen bei Interesse an der Inneren Medizin erhalten Sie beim Berufsverband Deutscher Internisten (BDI) e. V. unter www.bdi.de/allgemeine-infos. Als Arzt in Weiterbildung können Sie günstig Mitglied werden und erhalten monatlich die informative Fachzeitschrift „Der Internist“.

3.4 Die Wahl des ersten Arbeitgebers

Der Wechsel vom Uni-Leben ins Berufsleben, zudem ins Berufsleben als Arzt, ist zweifellos ein Einschnitt. Auch nach dem Praktischen Jahr und zahlreichen praktischen Übungen am Patienten ist es etwas Neues, plötzlich in ärztlicher Verantwortung zu stehen. Da man dies allein mit erfolgreichem Staatsexamen nicht leisten kann, gibt es das ärztliche Weiterbildungssystem in Deutschland. Erst die im „Hintergrund“ des Arztes in Weiterbildung befindliche Expertise und Supervision (z. B. durch Oberärzte) macht es dem Berufseinsteiger möglich, vom einen Tag auf den anderen ärztliche Verantwortung zu übernehmen.

Entsprechend wichtig ist es, eine Praxis oder eine Klinik zu finden, die ein funktionierendes System darstellt, sodass Sie als Arzt in Weiterbildung davon profitieren. Prinzipiell sind Weiterbildungsstellen eher ungünstig, wenn dem jungen Arzt volle Verantwortung gegeben und wenig oder keine Unterstützung bereitgestellt wird – was meistens durch eine knappe Personaldecke und wirtschaftliche Zwänge begründet ist. Gerade die ersten Wochen bis Monate sind je nach Fach sehr anspruchsvoll und anstrengend. Besser zu bewältigen ist diese Phase, sofern man sich nicht im Stich gelassen oder ausgebeutet fühlt. Ebenso frustrierend und langweilig kann es sein, wenn einem am Anfang noch gar nichts zugetraut wird, obwohl es im PJ schon viele Trainingsmöglichkeiten gab.

Die Weisheit „Der Fisch stinkt vom Kopf her" ist hier in Fällen einer schlecht organisierten Klinik oder eines miesen Arbeitsklimas sicher oft passend. Daher sollte der Chefarzt oder Praxisinhaber, der jeweilige Weiterbildungsbefugte, in einem Vorstellungsgespräch zu den wichtigen Dingen befragt werden. Aufgrund des bestehenden Ärztemangels in Deutschland sind viele moderne Chefs schon auf einem guten Wege, die Weiterbildung attraktiv und verlässlich zu gestalten. Es gibt von Klinik zu Klinik jedoch noch erhebliche Unterschiede, was die Haltung gegenüber Ärzten in Weiterbildung angeht und eine daraus resultierende Kultur in der jeweiligen Abteilung.

! Ihren **potenziellen ersten Arbeitgeber** sollten Sie besonders auf folgende Faktoren untersuchen:
- Wird mir formal und inhaltlich eine gute Weiterbildung im gewünschten Fachgebiet angeboten?
- Gibt es einen kollegialen und menschlichen Teamgeist in der Abteilung?
- Sind im Rahmen der Klinik- oder Praxisstrukturen akzeptable Arbeitsbedingungen möglich, ohne die eigene Gesundheit zu gefährden?
- Hat der Arbeitsvertrag eine für mich nicht zu kurze Befristung und eine angemessene Entlohnung?

Checkliste

Je nach Ihren **individuellen Präferenzen** können weitergehende Fragen wichtig sein:
- Klinikgröße
  - Grund- und Regelversorgung: breites Spektrum an Erkrankungen, weniger Spezialwissen vorhanden, gut bei geplanter Niederlassung, oft kollegiales Klima, eher viele Dienste (ohne Facharzt im Haus)
  - Schwerpunktversorgung: große Kliniken mit vielen Subspezialisierungen, Rotationen in verschiedene Bereiche, oft Schichtdienst, hohe Frequentierung durch Patienten, individuelle Dienst-, Freizeit- und Urlaubsplanung teilweise schwierig
  - Maximalversorgung und Universitätsmedizin: sämtliche, auch seltene klinische Erkrankungsbilder vorhanden, Möglichkeit zu Forschung (Promotion, Habilitation) und Lehre, Arbeitszeiten werden oft überschritten, Betriebsklima oft durch Konkurrenz mitgeprägt
- Vertragsangebot (meistens mit begrenzter Dauer)
  - Begrenzung auf die Dauer der Weiterbildung zum Facharzt (5 Jahre) ist günstig, begrenzt auf die Dauer von 2 Jahren auch oft anzutreffen, weniger ist kaum zu akzeptieren. Oft werden Schwangerschafts- und Mutterschutzvertretungen (einige Monate) angeboten, deren Verlängerung seitens des Chefs oft als selbstverständlich betrachtet wird (diese ist meist aber nicht verbindlich).
  - Gehalt nach einem Tarifvertrag mit dem Marburger Bund, gut meist an Unikliniken und städtischen Häusern, am geringsten in den kirchlichen Häusern, Prüfen auf 13. oder 14. Monatsgehalt, Bereitschaftsdienstvergütungsstufe (A–D), Schichtzulagen, Überstundenregelung (wird diese umgesetzt?)

- Opt/Out-Regelung: Ein Zusatzvertrag, bei dem mit dem Arzt die Überschreitung einer gesetzlich festgelegten Höchstwochenstundenzahl auf freiwilliger Basis (!) vereinbart wird.
- Zusatzvereinbarung über Gutachtentätigkeit und deren Vergütung
- Besondere Vergütungen und Anreize (z. B. bei Erreichen der Doktorwürde oder leistungsorientierte Zielvereinbarungen in ambulanten Einrichtungen)
- Weiterbildungsermächtigung
  - Liegt dem Arbeitsvertrag eine Beschreibung der Tätigkeit als Arzt in Weiterbildung zugrunde? Wenn nein, muss eine Vereinbarung mit dem Weiterbildungsbefugten über die Nutzung der Arbeitszeit als Ärztliche Weiterbildung am Beginn der Weiterbildung fixiert werden.
  - Über welchen Zeitraum liegt die Weiterbildungsermächtigung vor (oft 24 Monate oder auch die gesamte Weiterbildung, in der Niederlassung oft 12 Monate), wann läuft die bestehende Weiterbildungsermächtigung ab?
  - Weiterbildungsbefugnisse am besten vor Bewerbung auf der Homepage der entsprechenden Landesärztekammer (oder im Anhang) checken (es zählt das Bundesland des Beschäftigungsortes).
- Ausrichtung der Klinik
  - Versorgungsschwerpunkte, Forschungsprojekte
  - Ausstattung wie Labor, Radiologie, Intensivstation, weitere Fachdisziplinen (z. B. Neurochirurgie neben Neurologie)
  - Besondere Qualifikationen und Reputationen des Weiterbildungsbefugten und damit Weiterbildungsmöglichkeiten für Sie
- Standort der Einrichtung
  - Notwendigkeit eines Umzuges, Erreichbarkeit
  - Attraktive Umgebung mit hoher Lebensqualität
  - Unterversorgtes Gebiet (vertragliche Anreize?)

Die folgende Tabelle fasst wichtige Aspekte zur Klinik- und Praxiswahl zusammen und soll Ihnen helfen, noch einmal systematisch wichtige Fragen durchzugehen, bevor Sie den ersten Arbeitsvertrag unterzeichnen (► Tab. 3-2).

Tab. 3-2 Ihr erster Job: Kriterien zur Klinik- und Praxiswahl.

Eigenschaft des Arbeitgebers / der Weiterbildungsstätte	In welchem Fall das für Sie wichtig ist …	Wie abklären?
Weiterbildungsbefugnis (Dauer, Basisweiterbildung und / oder Schwerpunktweiterbildung)	*Immer (!):* Nur wenn eine gültige Weiterbildungsbefugnis der LÄK vorliegt, kann die Zeit für die Dauer bis zum Facharzt anerkannt werden.	Über die Homepage der Landesärztekammer (Weiterbildung → Weiterbildungsbefugte)
Klinik mit festem Weiterbildungs-Curriculum	• Ihren Facharzt möchten Sie in der Mindestzeit erreichen. • Viele Stellenwechsel fänden Sie stressig.	Klinikhomepage oder per Mail über das Chefarztsekretariat
Fortbildungsangebot	• Sie sind an evidenzbasierter Medizin interessiert. • Theorieweiterbildungen möchten Sie direkt am Arbeitsplatz wahrnehmen.	Homepage, Chefarzt, regionales Ärzteblatt (Fortbildungen)
Weiterbildungsvertrag über die gesamte Dauer der Weiterbildung	• Sie erwarten Verlässlichkeit vom Arbeitgeber. • Es besteht ein Sicherheitsbedürfnis bei Schwangerschaft / Elternzeit.	Chefarztgespräch
Universitätsklinikum	• Sie möchten forschen und ggf. habilitieren. • Sie haben Interesse an seltenen Erkrankungen. • Hochspezialisierte Medizin reizt Sie. • Kongressteilnahmen sind eine wichtige Perspektive für Sie.	
Klinik der Schwerpunktversorgung (städtische Häuser, Landeskrankenhäuser u. a.)	• Sie wünschen eine umfassende klinische Ausbildung. • Die Dienstbelastung sollte nicht zu hoch sein (durch günstigen Stellenschlüssel). • Interdisziplinäre Arbeit und Rotationen sollen für Sie im eigenen Haus erfolgen.	

Tab. 3-2 (Fortsetzung)

Eigenschaft des Arbeitgebers / der Weiterbildungsstätte	In welchem Fall das für Sie wichtig ist …	Wie abklären?
Klinik der Grund- und Regelversorgung (Kreiskrankenhäuser u. a.)	• Ein persönliches Zusammenarbeiten in einem übersichtlichen Team liegt Ihnen. • Regionaler Bezug zum Ausbau eines Netzwerks für spätere Kooperationen wird gewünscht / Rotationen in Partnerhäuser sind möglich. • Etablierung im Hause und gute Chance auf eine baldige Facharzt- oder Oberarztstelle sind Ihnen willkommen.	
Nahe **Lage zum Wohnort**	• Sie arbeiten regelmäßig im Schichtdienst. • Sie haben Familie oder zeitintensive Hobbys.	Auskunft öffentlicher Nahverkehr oder Routenplaner (tageszeitbedingte Verkehrslage einkalkulieren)
Haus mit Tarifvertrag (z. B. vom Marburger Bund)	• Sie erwarten eine angemessene Vergütung und eine Gehaltssteigerung ohne Verhandlungen. • Oft ergeben sich zusätzliche, verlässliche Vertragsinhalte, die sonst individuell auszuhandeln sind.	Homepage des Marburger Bundes (→ Tarifpolitik)
Spezialisierte Gemeinschaftspraxis	• Differenzierte Diagnostik und Therapieformen laut WBO sollen erfüllt werden (z. B. Radiologie, Sonographie, Echo). • Breite Weiterbildung ohne die Belastungen eines Klinikbetriebes wird gesucht (keine Dienste, flachere Hierarchien).	Gespräch mit Praxisbetreiber, Homepage der Ärztekammer (→ Liste der Weiterbildungsbefugten)
Praxis der Grundversorgung	• Interesse an einem eher unausgelesenen Patientengut besteht. • Breite klinische, v. a. nichtapparative Erfahrung wird angestrebt. • Option auf spätere Praxisübernahme ist denkbar.	Gespräch mit dem Praxisinhaber, Hospitationstag

Tab. 3-2 (Fortsetzung)

Eigenschaft des Arbeitgebers / der Weiterbildungsstätte	In welchem Fall das für Sie wichtig ist ...	Wie abklären?
Kinderbetreuung im Hause (ggf. 24h-Servie) oder in der Nähe	• Sie haben kleine Kinder. • Sie arbeiten im Schichtdienst. • Sie sind alleinerziehend.	Beim Arbeitgeber erfragen, Kontakt mit dem Jugendamt aufnehmen
Tätigkeit über eine **Honorararzt-vermittlung**	• Sie wollen kurzfristig Geld verdienen, auch ohne Facharztqualifikation. • Sie möchten keine Weiterbildungszeit zum Facharzt sammeln. • Eine flexible Einsatzplangestaltung reizt Sie.	Verschiedene Agenturen, z. B. www.hireadoctor.de

3.5 (Was macht eigentlich die) Doktorarbeit

Einige von Ihnen haben sich bereits während des Studiums um eine Dissertation bemüht und vielleicht schon große Teile fertiggestellt. Eine Frage, die sich vor dem Berufseinstieg häufig stellt, ist, ob vor Antritt der ersten Stelle die Dissertation eingereicht werden sollte. Die Idee, eine Zeit **ganztags die Doktorarbeit voranzutreiben**, sollte dennoch wohlüberlegt sein. Es stellt sicherlich kein Problem dar, zwei bis drei Monate später in die Beschäftigung zu starten, wenn dann das Promotionsvorhaben vom Tisch und der Kopf entsprechend frei ist. Jeder sollte sich diesbezüglich selber die Frage beantworten, ob er in der Lage ist, die Arbeitstage dann zu strukturieren und dauerhaft am möglicherweise bereits „ausgetretenen" Thema der eigenen Forschung zu arbeiten. Für die Karriere stellt die „freie Zeit" oder das „Forschungsfrei" nach Abschluss des Staatsexamens jedenfalls kein Hindernis dar. Die Frage der Finanzierung müsste natürlich im Vorfeld entsprechend geklärt werden. „Wenn Du erst arbeitest, wird die Doktorarbeit nie mehr fertig" behaupten kritische Stimmen immer wieder.

Das ist aber absolut keine Regel. Viele junge Ärzte haben bereits gezeigt, dass auch an Wochenenden, vor dem Spätdienst, in Urlauben oder nach dem Nachtdienst noch Dissertationen fertiggestellt werden können. Gerade der Abschluss einer solchen Arbeit erfordert viel Geduld und Motivation, sodass es auf keinen Fall ein Spaziergang werden wird. Das letzte Korrigieren, die Endüberprüfung bis zum tatsächlichen Druck der Arbeit alleine kostet viel Zeit und Kraft, was man nicht unterschätzen sollte. Aber es lohnt sich, sowohl vor Arbeitsbeginn als auch nach Antritt der ersten Arztstelle die Zeit und Mühe zu investieren, wenn dann tatsächlich irgendwann für immer die fünf neuen Buchstaben vor dem Namen sind und Sie mit Stolz erfüllen.

Sollten Sie noch kein Promotionsvorhaben im Studium begonnen haben, empfiehlt es sich – sofern Interesse und Motivation vorhanden ist – eine Stelle anzutreten, in deren Rahmen dies möglich ist. Gerade heute, wo nicht alle Arztstellen besetzt werden können, wird bereits bei vielen Stellenausschreibungen (z. B. im Deutschen Ärzteblatt) mit der **Möglichkeit zur Promotion** geworben. Dies betrifft auch Stellen in außeruniversitären Einrichtungen. Es ist günstig, das konkrete Interesse bereits im Vorstellungsgespräch oder sogar schon im Bewerbungsschreiben zu kommunizieren. In einem Gespräch könnte dann mit dem Weiterbildungsbefugten besprochen werden, an welchen Forschungsprojekten eine Mitarbeit möglich ist, und wie dies mit der klinischen Arbeit vereinbar wäre. Es kann sinnvoll sein, am Anfang bereits verbindlich nachzufragen und sich nicht vertrösten zu lassen. Andernfalls kann es erst nach reichlich geleisteter Arbeit im Bereich der Klinik deutlich werden, dass sich eine Promotion dort nicht realisieren lässt.

Eine dritte, durch und durch legitime Möglichkeit ist schlicht und ergreifend: **gar nicht promovieren**. Immer mehr Medizinstudenten und junge Ärzte kommen zu der Überzeugung, dass es sich (bei geringen Ambitionen zur Forschung) um vertane Liebesmüh handelt. Und sie haben Recht. Es ist eine ganz persönliche Entscheidung, ob der horrende Aufwand einer Doktorarbeit zum Erreichen der eigenen Ziele überhaupt notwendig ist. Gerade in der Zeit der deutlich steigenden Anforderungen, was die Menge an Arbeit pro Arzt sowie die Komplexität durch den technologischen Fortschritt angeht, kann damit verfügbare Zeit auch anderweitig zur privaten Kompensation der Arbeitsbelastungen oder auch zu beruflich-fachlichen Weiterentwicklungen genutzt werden.

3.6 Nichts wie weg – Arzt im Ausland

Wer hat nicht schon einmal davon geträumt, den kalten Wintern, den verregneten Sommern, den miserablen Arbeitsbedingungen und der stressigen Arbeit in Deutschland zu entfliehen? Im Jahr 2012 z. B. haben insgesamt 2241 zuvor in Deutschland tätige Ärzte eine Beschäftigung im Ausland begonnen. Beliebteste Ziele sind seit vielen Jahren stabil weit vorne die Schweiz, es folgen mit Abstand Österreich und die USA.

Es gibt jedoch unzählige Möglichkeiten, als Arzt im Ausland zu arbeiten und zu leben. Das Schöne an der Medizin ist, dass sie ein Handwerk darstellt, das relativ universell eingesetzt werden kann und überall gebraucht wird! Hinter jedem Wunsch, Deutschland den Rücken zu kehren und im Ausland Arzt zu sein, steckt sicher auch ein Traum: von einer anderen Form der täglichen Arbeit, gepaart mit Neugier auf eine fremde Kultur oder mit dem Wunsch nach mehr Lebensqualität.

Wer eine Elite-Uni-Klinik sucht und sich in der Forschung einen Namen machen möchte, ist in den USA sicher besser aufgehoben als in Dänemark oder Norwegen, wo viele Ärzte wegen der großen Freundlichkeit der Menschen und der guten Arbeitsbedingungen Zuflucht finden.

Alle Chancen, Risiken und möglichen Karrieren in Europa und der Welt zu besprechen wäre sicher genug Stoff für ein eigenes Buchprojekt, deshalb folgen hier lediglich einige wichtige Eckdaten.

Wenn Sie den Wunsch haben, für immer oder zeitlich begrenzt im Ausland zu arbeiten, versuchen Sie zu analysieren, **was Sie antreibt**. Je mehr Sie davon verstehen, desto zielgerichteter können Sie passende Stellen finden.

Suchen Sie …

- einen exzellenten Arbeitsplatz um Forschung und Lehre zu betreiben oder besondere klinische Kenntnisse zu erlangen?
- ein Land, das Ihnen bessere Arbeitsbedingungen, eine bessere Bezahlung und mehr Lebensqualität bietet?
- die Fremde und eine andere Kultur, um Ihren persönlichen Horizont zu erweitern und die medizinischen Besonderheiten eines anderen Landes kennenzulernen?
- eine Erweiterung Ihrer Sprachkenntnisse?
- besondere Leistungen für Ihren Lebenslauf und Ihre Karrierechancen?

Grenzen Sie ein, worum es Ihnen wirklich geht. Es gibt auch enttäuschte Rückkehrer, die eine Verbesserung suchten, bei deren Planung es möglicherweise an Präzision gefehlt hat. Beschäftigen Sie sich mit Fragen wie:

- Möchten Sie die Arbeit im Ausland als Weiterbildungszeit für den Facharzt in Deutschland anrechnen lassen?
- Planen Sie, eine ausländische Facharztbezeichnung zu erlangen?
- Wenn Sie nur forschen und keine Zulassung als Arzt haben: Würden Sie auch langfristig auf eine klinische Weiterbildung und Tätigkeit verzichten?
- Wäre ein späterer Wechsel ins Ausland, nach Erlangung des Facharzttitels, ggf. einfacher zu realisieren?

Interessieren Sie sich dafür, einen **Abschnitt der Facharztweiterbildung** im **europäischen Ausland** zu absolvieren, gilt orientierend (Entscheidung liegt im Einzelfall beim Weiterbildungsausschuss der zuständigen Landesärztekammer):

- Weiterbildungsabschnitte innerhalb der **Europäischen Union (EU)**, des **Europäischen Wirtschaftsraumes (EWR)** und der **Schweiz** gelten als gleichwertig und werden meist vollständig anerkannt.
- In allen Ländern der EU gilt eine gemeinsame Richtlinie zur **Anerkennung von Berufsqualifikationen** (2005/36/EG), sofern Sie die Staatsbürgerschaft eines Mitgliedstaats besitzen. Sie können dort also eine Berufserlaubnis als Arzt beantragen, auf die Sie allerdings teilweise mehrere Monate warten müssen!

- Eine **komplette Facharztweiterbildung** aus dem Ausland kann in Deutschland anerkannt werden, wenn dies im Anhang der Richtlinie 2005/36/EG für beide Länder angegeben ist. (Weitere Informationen unter ec.europa.eu).

CAVE

Die Weiterbildungsausschüsse der Landesärztekammern sind zuständig für die Anerkennung im Ausland erworbener Weiterbildungsabschnitte. Am sichersten ist es, sich mit den Einzelheiten der Wunschstelle bei der Ärztekammer vorzustellen und sich alle wichtigen Formalien bestätigen zu lassen (mit Gesprächsprotokoll), um bösen Überraschungen nach dem Auslandsaufenthalt zu entgehen!

! Damit ein Weiterbildungsabschnitt im europäischen Ausland angerechnet wird, muss er mindestens sechs Monate dauern, in einer weiterbildungsbefugten Einrichtung stattfinden und angemessen entlohnt werden. Aus dem (beglaubigt übersetzten) Zeugnis sollten die erforderlichen Inhalte der deutschen Weiterbildungsordnung (WBO) hervorgehen! Die **Bundesärztekammer** verfügt über einen **Auslandsdienst**, der bei speziellen Fragestellungen Auskunft geben kann und unter international@baek.de sowie unter der Telefonnummer 030 400 456 361 erreichbar ist.

Möchten Sie **außerhalb des EWR und der Schweiz** als Arzt arbeiten und Ärztliche Weiterbildung anerkennen lassen, müssen Sie im Gastland häufig eine Prüfung absolvieren (z. B. USMLE in den USA), sodass Sie rechtzeitig Ihren Aufenthalt planen sollten und eventuell Prüfungstermine anpassen müssen. Auch Sprachtests, wie z. B. der IELTS in Australien, werden häufig verlangt.

Im nicht-europäischen Ausland erworbene **Facharztzeugnisse** können in Deutschland **nicht anerkannt** werden. Mindestens ein Jahr der Weiterbildung muss in Deutschland erfolgen, und die Prüfung muss in Deutschland absolviert werden. Weiterbildungsabschnitte können anerkannt werden, wenn die Voraussetzungen denen der hiesigen WBOs entsprechen.

Wer sich für die Tätigkeit in einem bestimmten **Land** interessiert, muss unbedingt vertiefte **Recherchen** anstellen. In der folgenden Aufzählung sollen nur kurze Impulse gegeben werden:

- **Schweiz**: Unterschiedliche, teilweise gute Bezahlung, wenig Steuern, weniger Urlaub, viele Stellen im ländlichen Bereich, sehr beliebt bei deutschen und anderen ausländischen Ärzten.
- **Schweden**: Wer es einsam mag, kann im ländlichen Norden vielleicht eine freie Stelle finden, sonst sind Stellen umkämpft. Schwedisch kann vor Ort erlernt werden.
- **Spanien**: Zugang zur Facharztweiterbildung über 250 MC-Fragen, deren Ergebnis über die Wahlfreiheit von Ort und Fach entscheidet.

- **Norwegen**: Hier gibt es nach dem Studium für 18 Monate das „Cand. Med.“ – ein Pendant zum deutschen „Arzt im Praktikum“, es kann für ausländische Ärzte nur mit mehrjähriger Berufserfahrung umgangen werden.
- **USA**: Schwere Examens-Prüfungen (USMLE), hartes erstes Internship-Jahr, hohe Prüfungskosten, aber großartige Berufs- und Verdienstaussichten für Ehrgeizige.

! Bevor Sie das zu Ihnen passende Land wählen, um einen Weiterbildungsabschnitt zu absolvieren und beginnen, alles zu organisieren, ist es hilfreich zu wissen, welcher Typ Arzt Sie sind, und was Ihnen wichtig ist: akademische Karriere, klinische Skills, Work-Life-Balance etc.!?

Auf einen Blick

1. Bei der Wahl des Fachgebietes gilt es, viele Aspekte abzuwägen und dem Bauchgefühl einen Stellenwert einzuräumen.
2. Wenn Sie sich für eine Weiterbildungsrichtung entschieden haben, ist es wichtig, Ihre potenzielle neue Arbeitsstelle auf die entsprechende Weiterbildungsbefugnis hin zu prüfen (ggf. Nachfrage bei der Ärztekammer) und sich über die Rotationsmöglichkeiten zu informieren.
3. Bei der Arbeitgeberwahl beachten Sie Aspekte wie die Klinikgröße, das Vertragsangebot, die Weiterbildungsermächtigung, die Klinikausrichtung und den Einrichtungsstandort.
4. Das Thema „Promotion“ kann auf die unterschiedlichsten Weisen angegangen werden: mit einem Abschluss während des Studiums, in einem eigens dafür vorgesehenen Freiraum, nach dem Einstieg in den Arbeitsalltag oder schlicht und ergreifend gar nicht.
5. Wer im Ausland tätig werden möchte, sollte sich über seine eigene Motivation klar werden und sich intensiv mit den jeweiligen landestypischen Bedingungen auseinandersetzen.

Quellen

Broda M, Senf W. Praxis der Psychotherapie: Ein integratives Lehrbuch. Stuttgart: Thieme 2005.

Bundesärztekammer (www.bundesaerztekammer.de, Home > Ärzte > Internationales > Ärztliche Tätigkeit im Ausland)

Europäische Kommission (ec.europa.eu)

Damásio AR. Descartes’ Irrtum – Fühlen, Denken und das menschliche Gehirn. München: List 1994.

Griese M. Wissenschaft und Karriere in der Medizin: Ein Leitfaden für Studierende und Ärzte. Berlin: MWV 2012.

Moulin Md, Bussche, Hvd. Facharztweiterbildung im Ausland: Mythos und Realität. Dtsch Arztebl 2010; 107(3): A-82 / B-69 / C-69.

4 Bewerbung

4.1 Der Stellenmarkt – eine gute Perspektive

Der Beruf des Arztes kann heute und für die Zukunft als sehr krisensicher angesehen werden. Alleine in den deutschen Krankenhäusern sind derzeit mehrere tausend Ärztestellen unbesetzt (Schätzung des Marburger Bundes aus dem Jahr 2010: 12.000, was im Mittel 1,5 Stellen pro Krankenhausabteilung ausmacht). Viele Artikel im Deutschen Ärzteblatt, aber auch in der Laienpresse, beschreiben, wie die Antworten von Interessenten auf Stellenanzeigen (auch renommierter Kliniken) immer weniger werden. Manche (erstaunte) Chefärzte erhalten nur noch ein bis zwei Anschreiben auf eine große Anzeige im „Ärzteblatt“. Diese Arbeitsmarktsituation macht für Sie als Arzt in Weiterbildung die Verhandlungsbasis bzgl. gewisser Ansprüche (z. B. einer geordneten und umfangreichen Weiterbildung im Mindestzeitraum) günstig. Die Statistik zeigt, dass Kliniken, die Instrumente für eine strukturierte Ärztliche Weiterbildung geschaffen haben, etwas weniger mit dem „Ärztemangel“ kämpfen müssen. Zu hoffen ist, dass immer mehr Chefärzte auf den Trend der zunehmend ausbleibenden (ins Ausland auswandernden oder in die alternativen Berufsfelder wechselnden) Ärzte mit der Gestaltung attraktiver Weiterbildungscurricula reagieren. Möglichweise damit in Zusammenhang ist eine Statistik des Deutschen Krankenhausinstituts zu verstehen, die mit „nur“ noch 2000 unbesetzten ärztlichen Vollzeitstellen im Jahr 2013 von einem Rückgang um 50 % im Vergleich zum Vorjahr berichtet. Nur noch 58 % der Krankenhäuser hätten 2013 angegeben, Probleme mit der Besetzung ärztlicher Stellen zu haben, während es 2012 noch 74 % der Häuser gewesen seien.

Längst gibt es auch eine völlig neue Generation von Ärzten in den deutschen Krankenhäusern, wobei ein Generationenkonflikt mit den älteren Ärzten immer deutlicher wird. Während sie sich den Hierarchien unterworfen, keine Schwäche gezeigt haben und Dienste von Freitagsnachmittags bis Montagsmorgens auf sich nahmen, haben wir jungen Ärzte der Generation Y laut einer großen Studie des Chirurgen und medizinischen Geschäftsführers eines Krankenhauses in Köln, Christian Schmidt, ganz andere Vorstellungen: hohe Anforderungen an den Arbeitsplatz, kein Absitzen von fester Arbeitszeit, Überstunden nur bei wirklich guter Begründung, Bevorzugung eines Jobwechsels, statt sich an zu große Widrigkeiten anzupassen. Zudem ergibt die Studie, dass wir pragmatisch seien sowie kooperativ und aktiv Netzwerke bilden würden. Computer und Internet seien selbstverständlich für uns. Wir wünschten uns laut Schmidts Studie ein Privatleben, das diesen Namen verdient und betrachteten unsere Eltern als Workaholics, wovon wir uns distanzieren würden. Familie genieße bei uns Ärzten der Generation Y höchste Priorität. Es wurde in dieser

Studie von 2011 erkannt – und das ist ein guter Schritt –, dass wir ohne eine Fokussierung auf sinnvolle Arbeitsinhalte für Mediziner und ohne flexible und innovative Arbeitszeitmodelle sowie ohne gut organisierte Möglichkeiten, Elternzeit oder unbezahlten Urlaub zu nehmen, gar nicht mehr fest an Arbeitgeber zu binden seien.

Gleichzeitig haben Klinikdirektoren, Studiendekane und Personalchefs langsam erkannt, dass unsere selbstbewussten Vorstellungen die Kliniken in ernste Probleme bringen: Der Wunsch nach einem planbaren Alltag und einem absehbaren Feierabend führt zu deutlich mehr Personalbedarf. Gleichzeitig erhoffen sich Personaler durch unsere Tendenz, online und vernetzt zu sein, einen Wettbewerbsvorteil erreichen zu können und in dieser Hinsicht professioneller zu werden. Gleichzeitig stellen wir, die Generation Y, völlig neue Anforderungen an eine Krankenhausdirektion und leitende Ärzte.

Wenn Sie sich nun um Ihre erste Stelle bemühen, sollten Sie wissen, dass wir jungen Ärzte vernünftige Ziele durchsetzen können und werden. Uns, der Generation der „radikal neuen Forderungen", stehe durch die Arbeitsmarktsituation unheimlich viel offen, denn wer heute eine Klinikstelle in nicht optimaler Großstadtlage verlasse, könne sich sicher sein, dass der Chef sie wahrscheinlich nicht zeitnah nachbesetzen könne, schreibt dazu die Frankfurter Allgemeine Zeitung nach Gesprächen mit Chefärzten und Klinik-Geschäftsführern. „Es ist zu einer Machtumkehr gekommen. Die Assistenten werden zu Chefs. So ein Effekt entsteht derzeit in fast allen Kliniken", zitiert das Blatt einen Chefarzt zum Thema „Generation Y – der alte Arzt hat ausgedient".

Hintergrund

Ärztemangel

Jährlich gibt es in Deutschland eine steigende Zahl an berufstätigen Ärzten, und dennoch gibt es viele unbesetzte Stellen und vor allem im ambulanten Bereich sowie vornehmlich in kleineren Krankenhäusern einen „Ärztemangel". Besonders hoch ist der Mangel an Ärzten in Weiterbildung im Krankenhaus (4,8 % der Stellen unbesetzt, vgl. Statistik Deutsches Krankenhausinstitut: www.dki.de).

Wie kommt es zum „Ärztemangel"? Hierfür gibt es unterschiedliche Antworten, je nachdem, welche Interessengruppe gefragt wird. Einige, in verschiedenen Statistiken und Einschätzungen zur Diskussion stehende Gründe sind:

- Schlechte Arbeitsbedingungen
- Familienunfreundlichkeit des Arztberufes
- Feminisierung der Medizin mit Mutterschutz, Erziehungszeit, Teilzeitarbeit etc.
- Kürzung der Studienplätze um 10 % aus Zeiten der Ärzteschwemme
- Abwanderung deutscher Ärzte ins Ausland
- Bindung ärztlicher Kapazität für administrative Aufgaben
- Medizinischer Fortschritt mit stärkerer Nachfrage an Fachspezialisten
- Demographischer Faktor mit gesteigerten Fallzahlen

Jährlich wird der s. g. **Facharztindex** von der Firma Mainmedico im Deutschen Ärzteblatt veröffentlicht. Dieser errechnete Index demonstriert, wie viele Fachärzte, die sich potenziell auf ein Stellenangebot bewerben könnten, es in Deutschland überhaupt gibt. Der Durchschnitt lag im Jahr 2013 bei 33,8, während er 2012 mit 22,9 Fachärzten je ausgeschriebene Facharztstelle noch niedriger lag. Laut dem Deutschem Ärzteblatt und dem dort aufgeführten Facharztindex von 2013 gab es vor allem in den Bereichen der (Kinder- und Jugend-) Psychiatrie und Psychotherapie und Psychosomatischen Medizin und Psychotherapie eine sehr dünne Bewerberschicht (▶ Tab. 4-1).

Es wird im Bereich der medizinischen Versorgung mit einem weiterhin steigenden Bedarf gerechnet, sodass die Zahl der potenziellen Bewerber in absehbarer Zukunft nicht rasant ansteigt. Ein Ergebnis des immer noch bestehenden massiven Mangels ist, dass viele Krankenhäuser die entstehenden Lücken nur noch durch den kurzfristigen Einsatz von Ärzten, die über Zeitarbeitsfirmen gebucht werden, schließen können. In jüngster Zeit gründeten sich zunehmend Honorararzt-Agenturen, die tage-, dienst- oder wochenweise Ärzte an Krankenhäuser vermitteln, die nicht mehr genügend angestellte Ärzte haben und schnell in Engpässe geraten. Einerseits werden hier Ärzte leistungsgerecht vergütet (70 bis 80 € brutto pro Stunde, oft auch ohne Facharztbezeichnung), andererseits wäre die weitere Expansion dieser Dienste das mögliche „Aus" einer gewissen Kultur in den Kliniken, von der Sie als Ärzte in Weiterbildung profitieren. Damit ist der kollegiale Zusammenhalt gemeint und dass Wissen, Kenntnisse und Fertigkeiten an jüngere Kollegen weitergegeben werden.

Während über Zeitarbeitsagenturen medizinisches Wissen und Können verkauft wird, ist eine intakte Klinik eigentlich ein Mikrokosmos, in dem gegeben und genommen wird. Der erfahrene Oberarzt im Hintergrund, der für Fragen offen ist, gibt Erklärungen und trägt einen großen Teil der Verantwortung, während die Ärzte in Weiterbildung alles das leisten, wozu sie bereits fähig sind (also auch viel Routine- und Fleißaufgaben sowie das Führen ärztlicher Gespräche).

Tab. 4-1 Daten Facharztindex 2013.

Facharztbezeichnung	Index
Kinder- und Jugendpsychiatrie/-psychotherapie	12,6
Psychosomatische Medizin und Psychotherapie	14,8
Gefäßchirurgie	16,1
Psychiatrie und Psychotherapie	16,2
Innere Medizin und Gastroenterologie	16,3
Innere Medizin und Pneumologie	16,7

Quelle: Dtsch Arztebl 2014; 111(10): [2]

Der größte Markt für **Stellenangebote** ist das **„Deutsche Ärzteblatt“**, das Sie nach Anmeldung bei der zuständigen Ärztekammer automatisch zugesendet bekommen (und dessen Stellenmarkt Sie auch online unter www.aerztestellen.de erreichen). Während noch vor zehn Jahren nur einige Seiten mit Stellenangeboten den redaktionellen Teil abrundeten, verhält es sich heute umgekehrt: Das Ärzteblatt besteht überwiegend aus Stellenanzeigen. Die Angebote sind weder geographisch noch nach Fachrichtungen sortiert, um Wettbewerbsunterschiede nicht zu verstärken. Die Befürchtung, dass es zu viele Interessenten auf eine ausgeschriebene Stelle gebe, sodass sich eine Bewerbung gar nicht erst lohne, ist wie oben erwähnt ganz und gar nicht mehr zutreffend.

Daneben gibt es monatlich das regionale Ärzteblatt Ihrer zuständigen Ärztekammer. Hierin befinden sich mehr lokale Stellenanzeigen, so auch viele ambulante Weiterbildungsangebote in Praxen, kleinen Häusern oder MVZs. Bei niedergelassenen Weiterbildungsbefugten ist es häufig Usus, sich vor einer ausführlichen Bewerbung zunächst telefonisch oder per E-Mail in Verbindung zu setzen – die Hierarchie ist natürlich allgemein oft deutlich flacher als im Klinikbetrieb.

Lohnend ist es auch, die Stellenanzeigen auf den Homepages der wissenschaftlichen Fachgesellschaften, Berufsverbände und Kliniken sowie Klinikverbunde durchzusehen.

4.2 Die überzeugende Bewerbung

Für die überzeugende Bewerbung als Mediziner gelten zunächst einmal natürlich die allgemeingültigen Kriterien: ein solides Anschreiben in fehlerfreiem Deutsch, das ernstes Interesse an der besagten Stelle zum Ausdruck bringt. Zudem ein (auf dem Papier) lückenloser Lebenslauf, Zeugnisse und Empfehlungsschreiben in korrekter äußerer Form bzw. als PDF-Datei bei Online-Bewerbung. Da heute immer noch die meisten Chefärzte eher konservativ sind, empfiehlt sich in den meisten Fällen ein klassisches Erscheinungsbild der Unterlagen und Formulierungen in perfektem Deutsch. Bei der aktuell günstigen Stellensituation sind übereifrige, kreative Versuche, im Bewerbungsanschreiben aufzufallen, gar nicht nötig, vielmehr kann ein Augenmerk darauf gelegt werden, einen soliden und verlässlichen sowie korrekten Eindruck zu hinterlassen. So kann man sich an dieser Stelle auch Erkenntnisse über die Ärzte der Generation Y zunutze machen, die laut vieler Chefs zu wenig kritikfähig seien, hochgradig selbstbewusst und mit hohen Ansprüchen an die Arbeit herantreten würden. Für das Bewerbungsschreiben könnte es also hilfreich sein, dieses Bild implizit zu widerlegen, um sich von anderen Bewerbern abzuheben und durchaus auch einige Grundtugenden wie Teamgeist, Respekt, Einsatzbereitschaft und Flexibilität herauszustellen und durch eine schlichte, unaufgeregte Gestaltung von Anschreiben und Lebenslauf zu unterstreichen.

Besondere Beachtung sollte man gleich zu Beginn der Bewerbung der richtigen Anrede bzw. **Bezeichnung des Weiterbildungsbefugten** schenken: Für die

Chefs ist es ein großer Unterschied, ob sie Klinikdirektor, Chefarzt, leitender Arzt oder kommissarischer Leiter sind – also achten Sie besser darauf, die genaue Bezeichnung auf der Klinikhomepage zu ermitteln.

Das Bewerbungsschreiben könnte z. B. folgende Gliederung aufweisen:

1. **Betreffzeile**: *„Bewerbung als Arzt in Weiterbildung in Ihrer Klinik"*
2. **Anrede mit korrekten Titeln**: *„Sehr geehrter Herr Professor Dr. Meier,"* (Professor wird in der Anrede ausgeschrieben, der Doktortitel dagegen niemals.) Alternativ können Sie auch nur *„Sehr geehrter Herr Professor Meier,"* schreiben, sodass nur der höchste akademische Grad genannt wird.
3. **Einleitender Satz**: Es geht darum, Interesse zu wecken und einem vielbeschäftigten Chef kurz und prägnant darzulegen, worum es geht. *„Mit diesem Schreiben bewerbe ich mich als Arzt in Weiterbildung in Ihrer Klinik. Ab dem 1. 10. 2014 stehe ich Ihnen für eine Beschäftigung zur Verfügung."* Selbstverständlich darf diese Passage durch persönliche Noten aufgewertet werden, in denen der persönliche Bezug zur Einrichtung hervorgehoben wird – *„Nachdem ich bereits im Praktischen Jahr die Vorteile einer Mitarbeit in Ihrem Hause kennenlernen durfte, bewerbe ich mich hiermit als Arzt in Weiterbildung zum Facharzt für Chirurgie."*
4. **Die eigene Person vorstellen**: *„Im Mai 2014 beendete ich im Alter von 31 Jahren erfolgreich mein Medizinstudium an der Universität Gießen und strebe nun die Facharztweiterbildung in Dermatologie an."*
5. **Motivation und Eignung**: In diesem „Kernstück" eines Bewerbungsschreibens sollten Sie deutlich machen, warum gerade Sie die richtige Besetzung für die beworbene Stelle sind. Die Inhalte und Ausführungen sollten nicht übertrieben sein – hier kann eine originelle Idee mehr Anklang finden, als eine (Über-)Steigerung gängiger positiver Eigenschaften oder Motivationen. Zudem kommt es nicht darauf an, von sich zu schwärmen, sondern selbstbewusst darzulegen, dass man über die Fähigkeit einer gesunden Selbstreflexion verfügt. Ein beispielhafter Bewerbungsabschnitt könnte lauten:
„Bereits in einer Famulatur an der Psychiatrischen Universitätsklinik Zürich wie auch während des Praktischen Jahres in Ihrem Hause habe ich mich mit der psychiatrischen Diagnostik und der Führung stationär-psychiatrischer Patienten beschäftigt. Aufgrund meiner Begeisterung für das facettenreiche und interdisziplinäre Fach promoviere ich derzeit in der Psychiatrie zum Thema ‚Edukationsinterventionen bei Erstmanifestation einer Psychose' an der MHH. Gerne würde ich im Rahmen der Facharztweiterbildung meine Kenntnisse erweitern und vertiefen. Die guten Bedingungen dazu in Ihrer renommierten Klinik sind mir bekannt, insbesondere die Akutinterventionsstation weckte mein Interesse. Auch ein kollegiales Miteinander betrachte ich für die ärztliche Arbeit als sehr wichtig. Ich würde mich daher freuen, in Ihrer Klinik Teil eines Teams zu werden und dieses mit meinem verantwortungsvollen ärztlichen Handeln zu bereichern. Mein Einfühlungsvermögen sowie meine Belastbarkeit werden mir bei dieser anspruchsvollen Aufgabe helfen."

6. Alles, was nicht unmittelbar zur entsprechenden Stelle passt, wie fachfremde Famulaturen oder eine theoretische Doktorarbeit, darf im Anschreiben weggelassen werden, es sei denn, Sie möchten eine logische Verknüpfung ziehen, warum vielleicht gerade der „Blick über den Tellerrand" besonders wertvoll ist. Haben Sie **Ambitionen zum wissenschaftlichen Arbeiten** oder zu anderen bestimmten Tätigkeitsfeldern, beschreiben Sie dies und stellen Sie aus in der Vergangenheit Erreichtem Ihre Fähigkeit dazu heraus, für eine Bewerbung in der Anästhesie z. B.:
   „Bereits während meines Medizinstudiums war ich als Tutor im Erste-Hilfe-Kurs der Klinik für Anästhesie tätig und führte eine Studie zu häufigen Fehlern bei der Laienreanimation durch. Auch in Ihrer Klinik würde ich mich gerne mit Engagement und kreativen Ideen an einer Verbesserung der Ersthelferausbildung in Deutschland beteiligen."
7. **Abschluss und Angebot**: Auch wenn das Warten auf unbeantwortete Bewerbungen lästig und Ungeduld selbstverständlich ist, sollte am Ende des Schreibens kein Druck aufgebaut werden, sondern eher Vorfreude auf eine Antwort signalisiert werden:
   „Über die Möglichkeit zu einem persönlichen Gespräch bei Ihnen würde ich mich sehr freuen und verbleibe mit freundlichen Grüßen."
8. **Unterschrift**: Lassen Sie eine Lücke für die handschriftliche Signatur, die immer mit Vor- und Zunamen, am schönsten mit Füller, geschrieben werden sollte. Darunter sollte Ihr Vor- und Zuname nochmal gedruckt stehen, also im „Klartext". Ein vorhandener Titel sollte unbedingt im Briefkopf auftauchen („Dr. med." zum Beispiel). An der Stelle der Unterschrift – wenn man seinem eventuell künftigen Chef schreibt – kann er auch weggelassen werden.

Es folgt dann der **Lebenslauf** und chronologisch sortiert Examenszeugnisse, Arbeitszeugnisse, Nachweise und Empfehlungsschreiben. Die Unterlagen sollten am besten von aktuell bis „am ältesten" sortiert werden. Üblich ist es, die neuesten Zeugnisse und Nachweise nach vorne zu heften und gemäß der zeitlichen Reihenfolge die ältesten nach hinten, sodass viele Bewerbungsunterlagen mit dem Abiturzeugnis abschließen (sofern dieses hinzugefügt werden soll – das ist Geschmackssache und eine Notenfrage), während vorne gleich das Examenszeugnis, die PJ-Zeugnisse und ggf. die Promotionsurkunde firmieren.

Zur Sortierung empfehlen sich schlichte Bewerbungsmappen ohne zu prominente Aufschrift, die zwei Schienen aufweisen (die kleinere für den Lebenslauf, die größere für die Zeugnisse und Nachweise) und auf der Vorderseite „Ohren" haben, hinter die das Anschreiben separat geklemmt werden kann. Zudem werden heute natürlich von vielen Chefärzten und Personalabteilungen Online-Bewerbungen akzeptiert – vielleicht fragen Sie vorher kurz telefonisch im Sekretariat nach.

Der Lebenslauf sollte folgende Angaben chronologisch (ggf. auch mit diesen Abschnittsüberschriften) enthalten:

1. Persönliche Angaben
   - Name und Vorname, Geburtsdatum, Geburtsort, Staatsangehörigkeit, (evtl.) Konfession, Familienstand, Anschrift, rechts daneben empfiehlt sich ein Foto
2. Schulbildung
   - Grundschule, ggf. Orientierungsstufe o. Ä., Gymnasium mit Abschluss (z. B. Allgemeine Hochschulreife) jeweils mit Angaben „von bis"
3. Studium
   - Studium der Humanmedizin mit Angabe „von bis" sowie Zeitpunktangaben zu den Ärztlichen Prüfungen
4. Promotion (falls vorhanden)
   - Mit Angabe „von bis" sowie Titel, Betreuer, Fachabteilung und Klinik
5. Veröffentlichungen
6. Praktisches Jahr
   - Mit Zeitraum, Klinik, wenn es einen Bezug hat ggf. Angabe des ärztlichen Leiters
7. Famulaturen
   - Nur, wenn ein relevanter Bezug besteht
8. Klinische Ausbildung (fällt bei der ersten Stelle weg)
9. Berufstätigkeit (z. B. im Erstberuf)
10. Weitere Qualifikationen und Kenntnisse
    - Fremdsprachen, medizinische Sprachkurse, Computerkenntnisse, Erfahrung als Sanitäter oder andere besondere Begabungen, die Interesse wecken könnten

Häufig stellt sich die Frage, ob **Examensnoten** im Lebenslauf oder Anschreiben mitgeteilt werden müssen. Im persönlichen Anschreiben sollten eher keine Noten genannt werden. Eine außerordentliche Examensnote kann im Lebenslauf in Klammern vermerkt sein, wobei dies sicher zur beworbenen Stelle passen sollte (z. B. Uni-Klinik, Hochleistungsmedizin, Forschung). In Kliniken oder Abteilungen, in denen ein ausgeprägter Teamgeist herrscht, könnte dies eher als einzelkämpferisch interpretiert werden. Vielen Klinikchefs sind integre, lernbereite und teamfähige Persönlichkeiten oft lieber als Überflieger, die den Anschein erwecken, schon alles zu wissen. Alle Zeitangaben im Lebenslauf können mit Monat und Jahreszahl benannt werden: „Allgemeine Hochschulreife 05/2008" oder nur „Allgemeine Hochschulreife 2008".

4.3 Das Vorstellungsgespräch

Was man im Internet zu den Suchworten „Bewerbungsgespräch Assistenzarzt" findet, ist durchweg veraltet. Auch auf Plattformen von bekannten Medizinverlagen werden Tipps gegeben, die vielleicht vor 10 Jahren ihre Berechtigung hatten und heute nicht mehr gelten: Man sei als Bewerber beliebt, wenn man

Bereitschaft zeige „zu dienen“, sich unterzuordnen und beispielsweise als junge Mutter oder junger Vater andeute, von den ihr/ihm zustehenden Rechten und sozialen Regeln keinen Gebrauch zu machen.

Heute, im Zeitalter des Ärztemangels in Deutschland, hat sich der Zweck eines Vorstellungsgespräches grundlegend gewandelt: Neben dem Chefarzt, der sich einen Eindruck über einen potenziellen Mitarbeiter machen möchte, ist es die Aufgabe des Arztes in Weiterbildung, der angebotenen Stelle auf den Zahn zu fühlen: Wie sind die **Weiterbildungsbedingungen**? Was für ein Dienstsystem besteht in der Klinik? Ist der Facharztkatalog i. d. R. nach der Mindestweiterbildungszeit erreicht? Mit welcher Haltung und Einstellung tritt der künftige Chef mir entgegen? Bis vor einigen Jahren konnte man froh sein, irgendwann eine Stelle im Wunschfach zu ergattern – heute haben junge Ärzte in den meisten Fällen die Auswahl, was heißt, dass man die Fähigkeit erwerben sollte, Stellen mit schlechtem Arbeitsklima oder einer schlecht organisierten Weiterbildung herauszufiltern. Zu den Grundbedingungen für Vorstellungsgespräche von Ärzten in Deutschland ist festzuhalten, dass alle Anfahrtskosten, woher auch immer, nicht übernommen werden, was z. B. bei unseren Schweizer Nachbarn komplett anders ist und in Deutschland in anderen Branchen auch verbindlicher gehandhabt wird.

Chefärzte stellen i. d. R. nicht die in Bewerbungsratgebern oft angegebenen typischen Fragen nach den größten Stärken und Schwächen. Meistens handelt es sich bei den Vorstellungsterminen um eher kurze Termine, die aus dem klinischen Alltag heraus mitabgedeckt werden müssen. Der künftige Chef wird versuchen, mit Ihnen ins Gespräch zu kommen, etwas von Ihrer Motivation zum jeweiligen Fach zu verstehen und Sie als Charakter kennenzulernen. Fachliche Fragen oder prüfungsähnliche Situationen spielen in den allermeisten Fällen keine Rolle. Es macht sicher Sinn zu wissen, was man sich unter dem entsprechenden Fach vorstellt, warum man dort arbeiten möchte und weshalb man sich konkret an dieser Klinik bewirbt. In einem kleineren Teil der Bewerbungsgespräche, vornehmlich an Unikliniken oder größeren Häusern der Schwerpunktversorgung, sind teilweise Oberärzte und / oder Assistenzarztsprecher mit in den Auswahlgesprächen und steuern ihrerseits auch Fragen bei. Diese zielen dann eher in Richtung Teamfähigkeit, Verlässlichkeit und klinische Vorerfahrungen – denn diese Kollegen müssen direkt mit Ihnen Seite an Seite arbeiten.

Machen Sie sich klar, dass Bewerbungsgespräche für eine Arztstelle heute dazu dienen, dass Sie herausfinden, ob die Stelle Ihnen bietet, was Sie suchen. Dazu ist es mittlerweile durchaus üblich, dass Sie beim Vorstellungsgespräch um eine kurze **Hospitation** zum Kennenlernen der Klinik bitten (um hinter die Kulissen zu schauen). Nicht selten wird Ihnen diese Hospitation auch angeboten, ohne dass Sie danach fragen müssen.

! Vereinbaren Sie beim Vorstellungsgespräch z. B. eine eintägige Hospitation. Kommen Sie in einen persönlichen Kontakt mit den potenziellen Kollegen, dem Krankenpflegepersonal, den PJ-lern, und achten Sie darauf, was Ihnen zwischen den Zeilen mitgeteilt wird, wie die allgemeine Stimmung ist, ob man sich auf dem Gang grüßt (und auf andere Kleinigkeiten) – keiner kann sich den ganzen Tag verstellen! Sprechen Sie taktvoll die für Sie wichtigen Fragen an: Nach nur einem Tag kann man sich so ein annähernd realistisches Bild von der angebotenen Stelle machen!

CAVE

Beachten Sie, dass der Chefarzt, Klinikdirektor oder leitende Arzt zwar einen Bewerber der Geschäftsführung empfiehlt, jedoch meistens nicht selber der Arbeitgeber ist. Mündliche Zusagen und vor allem Terminabsprachen sollten Sie als vorläufig betrachten, da es immer wieder vorkommt, dass z. B. eine Stelle, die der Chefarzt besetzen möchte, doch nicht vom Krankenhausvorstand oder der Geschäftsführung bewilligt wird. Auch der Eintrittszeitpunkt wird manchmal vom Chef früher gewünscht, während die Geschäftsführung schließlich den Vertrag doch erst auf einen späteren Zeitpunkt ausfertigt!

Auf einen Blick

1. Der Ärztemangel hat dazu geführt, dass es nicht mehr viele Bewerber auf wenige Stellen gibt, sondern viele Stellen auf wenige Bewerber.
2. Als Anhänger der Generation Y haben Sie die Möglichkeit, stärker denn je Ihre eigenen Interessen selbstbewusst bei der Stellenwahl zu fokussieren.
3. Bedenken Sie alle wichtigen Formalien, wenn Sie Ihr Bewerbungsschreiben fertigen.
4. Die beizulegenden Unterlagen werden ebenso wie der Lebenslauf mit den aktuellsten Ereignissen beginnend angeordnet.
5. Informieren Sie sich vor Ihrem Vorstellungsgespräch über die Klinik, und machen Sie sich bewusst, was Sie präsentieren möchten und selbst erwarten.

Quellen

Deutsches Krankenhausinstitut (www.dki.de)

Dobos G. Generation Y. Der Aufstand der jungen Ärzte. FAZ v. 12.06.2012. (www.faz.net/aktuell/feuilleton/forschung-und-lehre/generation-y-der-aufstand-der-jungen-aerzte-11783044.html)

Hucklenbroich C. Generation Y. Der alte Arzt hat ausgedient. FAZ v. 27.04.12. (www.faz.net/aktuell/wissen/medizin/generation-y-der-alte-arzt-hat-ausgedient-11729029.html)

Martin W. Schwierige Suche nach geeigneten Chefärztinnen und Chefärzten. Dtsch Arztebl 2014; 111(10): [2].

Schmidt CE , Möller J, Schmidt K, Gerbershagen MU, Wappler F, Limmroth V, Padosch SA, Bauer M. Generation Y: Rekrutierung, Entwicklung und Bindung. Anästhesist 2011; 60: 517–524.

5 Arbeitgeber und Vertrag

5.1 Ärztliche Weiterbildung im Krankenhaus

Die meisten Absolventen des Medizinstudiums, die klinisch arbeiten möchten, entscheiden sich zweifellos als erstes für eine Weiterbildungsstelle in einer Akutklinik. Sicher handelt es sich um eine intensive Weiterbildung, in der man früh und umfangreich eigene Erfahrungen als Arzt sammeln kann, andererseits sind die Belastungen heute groß. Das hat nicht zuletzt mit dem ausgeprägten Kostendruck der Krankenhausbetreiber zu tun, die pozentiell weniger Personal für ein verdichtetes Aufgabenfeld zum Einsatz bringen müssen.

Abrechnungen über s. g. **diagnosebezogene Fallgruppen (DRG)** haben seit 2003 sukzessive dazu geführt, dass das Krankenhaus für die behandlungsrelevante Hauptdiagnose eine Pauschale vergütet bekommt und nicht mehr „pro Tag" abrechnen kann. Entsprechend ist im Klinikalltag der Druck gewachsen, alle notwendigen Leistungen in einem bestimmten Zeitfenster zu erbringen, andernfalls drohen finanzielle Einbußen. Dieses System ist, abgesehen von der individuellen Situation in den einzelnen Kliniken und Abteilungen, erst einmal als eher ungeeignet für eine intensive Ärztliche Weiterbildung zu betrachten, da es ein reibungsloses Funktionieren aller Abläufe verlangt. Im Alltag kann das heißen, dass die 10 Minuten, die ein Anfänger länger für eine Naht, eine Aszitespunktion oder die stationäre Aufnahme benötigt, weniger toleriert werden als noch vor 10 Jahren. Außerdem ist der bürokratische Aufwand gestiegen: Alle abrechnungsrelevanten Informationen sowie Belege für erfolgte Maßnahmen am Patienten müssen penibel dokumentiert werden, und in einem großen Teil der Häuser rechnen auch Ärzte in Weiterbildung ab („kodieren").

Eine gute Nachricht ist, dass schon einige Häuser auf die Schwierigkeiten ihrer angestellten Ärzte reagiert und Kodierfachkräfte eingestellt haben, die administrative Aufgaben abnehmen. Außerdem gibt es, gerade in den etwas strukturschwächeren Gebieten, eine verstärkte Fokussierung auf die Belange der Ärzte in Weiterbildung, im Sinne von strukturierten Einarbeitungs- und Weiterbildungs-Curricula, die sich an den Erfordernissen der Erwartungen der Ärztekammern orientieren.

Im Überblick die Vor- und Nachteile der **stationären Weiterbildung**:

- Positiv
  - Etablierte Organisationsstruktur, sodass eigene Aufgaben meist schnell erkennbar werden und Hilfe leicht angefordert werden kann
  - Eher enge Supervision durch ärztliche Kollegen, Oberärzte und erfahrenes nicht-ärztliches Personal
  - Meist breites Patientenspektrum, auch im Bereich schwerer Erkrankungen

  - Schnelle Übernahme eigener Patienten mit selbstverantwortlicher Führung und Planung des Therapieprozesses
  - Besseres Gehalt als im ambulanten Sektor, bessere Vernetzung mit anderen Ärzten in Weiterbildung
- Negativ
  - Hohe Belastung durch Ärztemangel oder Personaleinsparungen der Arbeitgeber
  - Körperliche und psychische Anforderungen durch Bereitschaftsdienste oder Schichtdienst
  - Teilweise Verzögerung der Weiterbildung durch s. g. „Flaschenhälse" – Bereiche, in die alle Ärzte in Weiterbildung rotieren müssen, z. B. Intensivstation oder Funktionsdiagnostik

5.2 Ärztliche Weiterbildung im ambulanten Bereich

Einen Teil der Weiterbildung im ambulanten Bereich zu absolvieren, kann eine bereichernde und angenehme Abwechslung zur Tätigkeit in der Klinik sein und gänzlich andere, wichtige Weiterbildungsinhalte vermitteln. Für die meisten Fachgebiete gestatten es die Ärztekammern, zwischen einem und zwei Jahren in der Praxis abzuleisten (s. jeweilige Weiterbildungsordnung und ▸ Anhang).

Anders als in den Kliniken, hat noch lange nicht jeder niedergelassene Arzt eine Weiterbildungsermächtigung. Die Ärztekammern bieten eine Online-Abfrage nach Weiterbildungsbefugten der jeweiligen Fachgebiete an.

Da es in der ambulanten Medizin üblich ist, dass ein Patient von einem bestimmten Arzt behandelt wird, und dies auch im Sinne der Patientenführung sinnvoll ist, kann es hilfreich sein, bereits stationär erste Erfahrungen gesammelt zu haben. Dazu kommt, dass vom ambulanten Patienten immer nur ein Ausschnitt auf dem kurzen vereinbarten Sprechstundentermin sichtbar wird. Im stationären Setting kann es hilfreich sein, sich auch in Ruhe Gedanken zu machen oder sich rückversichern zu können, um dann erst bestimmte Maßnahmen o. Ä. am Patienten durchzuführen. Dieser „Luxus" besteht in der ambulanten Medizin nicht. Deshalb ist es umso wichtiger, mit einem Weiterbildungsleiter zusammenzuarbeiten, mit dem es zwischenmenschlich ein gutes **Arbeitsbündnis** geben kann. Denn in dieser engen Zusammenarbeit ist eine Vertrauensbasis ganz wichtig. Sie behandeln die Patienten des Weiterbildungsleiters und sind auf die Ressourcen seiner Praxis sowie seine Expertise angewiesen. Der Weiterbildungsbefugte muss sich einen Eindruck davon machen, für welche ärztlichen Tätigkeiten er Sie selbstständig einsetzen kann und sich dann auf Sie verlassen. Für Fragen, Nachbefunde und Supervision muss er sich unvergütete Zeit nehmen und darauf zählen, dass Sie ihn nur in Anspruch nehmen, wenn es sinnvoll ist.

Das Geld ist auch im ambulanten Bereich knapp. Wenn der Weiterbildungsbefugte einen Arzt in Weiterbildung beschäftigt, kann er kein eigenes Regelleistungsvolumen für ihn beanspruchen. Der Arzt in Weiterbildung arbeitet auf seine gedeckelte Honorierung mit, als würde es sich um eine Person handeln. Das heißt, ein relevanter Verdienstzugewinn wie bei angestellten Fachärzten kann durch einen angestellten Arzt in Weiterbildung kaum erreicht werden.

Die Vor- und Nachteile der **ambulanten Weiterbildung** im Überblick:

- Positiv
  - Kennenlernen der Langzeitverläufe von Erkrankungen und Etablierung einer persönlichen Beziehung zu den Patienten
  - Intensive Einarbeitung in typische ambulante Fächer wie Allgemeinmedizin, Psychosomatik oder z.B. die konservative Orthopädie oder HNO-Heilkunde
  - Kontakte für eine mögliche spätere Praxisübernahme oder Niederlassung können geknüpft werden.
  - Erlernen von eigener Strukturierung des Tagesablaufs und der Abrechnungsmodalitäten
  - Erholung von Bereitschafts- und Schichtdiensten
- Negativ
  - Oftmals niedrigeres Gehalt
  - Enge Zusammenarbeit kann belastend sein, wenn es zwischenmenschlich mit dem Weiterbildungsbefugten nicht läuft.
  - Teilweise weniger Fortbildungen als in den Kliniken

5.3 Arbeitsrechtliches und Organisatorisches

5.3.1 Formalitäten vor Dienstantritt

In den meisten Fällen wird Ihnen die Personalabteilung Ihres Arbeitgebers eine Liste zusenden, aus der die Dokumente hervorgehen, die zu einer Anstellung nötig sind.

Checkliste

Meistens handelt es sich um folgende Unterlagen:

- Ärztliche Approbation
- Mitgliedsbescheinigung der Ärzteversorgung
- Freistellung von der gesetzlichen Rentenversicherung (seit 2013 für jede Stelle separat)
- Geburtsurkunden der Kinder (zur Gehaltseinstufung)
- Zeugnisse der vorherigen Arbeitgeber
- Wenn vorhanden die Promotionsurkunde
- **E**lektronische **L**ohn**st**euer**a**bzugs**m**erkmale (ELStAM)
- Bescheinigung über Mitgliedschaft in einer gesetzlichen Krankenkasse oder privaten Krankenversicherung

- Ggf. erweitertes polizeiliches Führungszeugnis
- Ggf. Abiturzeugnis
- Ggf. Bescheinigung über gesundheitliche Eignung vom Betriebsarzt

Sie sollten sich vor Beschäftigungsbeginn beim zuständigen ärztlichen Versorgungswerk melden, um mitzuteilen, dass Sie einen neuen Arbeitgeber haben. Sie bekommen dann Ihre Mitgliedsbescheinigung sowie ein Formular zur **Freistellung bei der gesetzlichen Rentenversicherung**, welche seit 2013 für jeden Arbeitgeber wieder neu beantragt werden muss (sofern dies von Ihnen gewünscht ist).

Die elektronischen Lohnsteuerabzugsmerkmale erhalten Sie per Post vom Finanzamt auf telefonische, schriftliche oder persönliche Anfrage. Bei der Gelegenheit lohnt es sich, sofern Sie verheiratet sind, zu überlegen, wer welche Steuerklasse bekommt. Der Ehepartner, der in den folgenden Monaten wahrscheinlicher Arbeitslosengeld oder Elternzeit beantragen wird, sollte die „bessergestellte" Steuerklasse 3 beantragen, der andere die Steuerklasse 5. Durch die Jahressteuererklärung gleichen sich die unterschiedlichen Netto-Verdienste sowieso aus, aber die erwähnten Leistungen berechnen sich ausschließlich nach den bisherigen Netto-Bezügen, sodass es sich lohnt, diese beim Betroffenen so hoch wie möglich zu halten.

Achten Sie bei Ihrem Arbeitsvertrag darauf, ob es sich um einen **Vertrag für die Ärztliche Weiterbildung** im vereinbarten Fachgebiet handelt. Die entsprechende Formulierung, dass Sie als Arzt in Weiterbildung beschäftigt werden, steht oftmals schon unter § 1 (Vertragsbeginn, Art und Ort der Tätigkeit), z. B. *„Der Arbeitnehmer wird ab dem 01. 10. 2014 befristet als Arzt in Weiterbildung auf dem Gebiet der Inneren Medizin eingestellt"*. Sollte die Beschreibung fehlen oder einfach *„als Stationsarzt"* oder *„als wissenschaftlicher Mitarbeiter"* lauten, muss mit dem Weiterbildungsbefugten eine zusätzliche Weiterbildungsvereinbarung abgeschlossen werden (► Kap. 5.3.3).

Ihren aktuellen Arbeitgeber müssen Sie auch immer **der Ärztekammer melden**. Dies ist in der jährlichen Meldung möglich, bei der auch Ihr Jahresbeitrag durch das Jahresbruttoeinkommen aus der Lohnsteuerbescheinigung (Bruttogehalt abzüglich der von Ihnen abzusehenden Werbungskosten) ermittelt wird. Ihren ersten Arbeitgeber und die Aufnahme der Ärztlichen Weiterbildung können Sie aber auch sofort formlos melden.

Sollte Ihre **Beschäftigung in Teilzeit** stattfinden, müssen Sie einen entsprechenden Antrag auf „Weiterbildung in Teilzeit" bei Ihrer zuständigen Ärztekammer stellen, meistens ist dies online möglich. Den Anträgen wird unkompliziert zugestimmt, sie müssen nur rechtzeitig gestellt werden. Teilzeitbeschäftigung liegt vor, wenn eine wöchentliche Arbeitszeit von unter 38,5 Stunden pro Woche vereinbart wurde. Die Dauer der Weiterbildung verlängert sich dann entsprechend, trotzdem können Abschnitte von mindestens sechs Monaten anerkannt werden.

5.3.2 Tarifverträge

Tarifverträge sind verbindliche Vereinbarungen zwischen zwei Tarifvertragsparteien. Sie sind zwischen Arbeitgebern (oder deren Verbänden) und den Vertretern der Arbeitnehmer (Gewerkschaften) vereinbart und regeln insbesondere Bestimmungen zu Arbeitsentgelt, Arbeitszeiten, Arbeitsbedingungen, Urlaubsanspruch, Befristung und Kündigung.

Erst seit 2006 gibt es, gefordert vom Marburger Bund, Tarifverträge speziell für Ärzte an vielen Krankenhäusern. In den Tarifverhandlungen 2005 haben sich die Klinikärzte von Verdi abgespalten, nachdem diese ein sehr schlechtes Angebot von der Vereinigung der kommunalen Arbeitgeberverbände (VKA) akzeptieren wollten, und werden jetzt größtenteils durch den Marburger Bund vertreten. Das ist für junge Ärzte eine gute Sache, denn nun verhandeln unsere Standesvertreter und nicht mehr diverse Vertreter anderer Berufsgruppen, die am Ende doch ihr eigenes Wohl und das der „näheren" Kollegen im Auge haben, über einen möglichst guten Tarif für uns.

Die Uniklinken, kommunale Krankenhäuser und Privatkliniken haben unterschiedliche arztspezifische Tarifverträge. Es gibt aber auch Träger, die noch nicht mit dem Marburger Bund oder anderen Ärztevertretern verhandelt haben und ihre Gehälter frei gestalten, z. B. nach einem Haustarifvertrag. Dieser ist teilweise auch in Anlehnung an den Tarifvertrag im Öffentlichen Dienst (TVöD) der VKA oder den BAT aufgestellt, wobei aktuelle Arbeitsentgelterhöhungen häufig nicht mitübernommen werden.

Insbesondere die kirchlichen Arbeitgeber (vor allem das Diakonische Werk und die Caritas) sehen keine Tarifverhandlungen vor. Dort werden die s. g. kirchlichen Arbeitsvertragsrichtlinien (AVR) durch paritätisch aufgestellte, interne Gruppierungen gestaltet. Dennoch weist der Marburger Bund verstärkt auf kritische Arbeitssituationen hin und wäre bereit, sich in den „Arbeitskampf" einzubringen.

Informationen und die kompletten Dokumente zu den einzelnen Tarifverträgen und kommenden Tarifverhandlungen gibt es auf der Homepage des Marburger Bundes (www.marburger-bund.de/tarifpolitik/tarifvertraege).

! Heute bekommt ein ärztlicher Berufseinsteiger z. B. in der Uni-Klinik **4.219,62 €** (laut Tarifvertrag „TV Ärzte Tdl" der deutschen Universitätsklinken, seit 1. März 2014) und in einem kommunalen Krankenhaus **4.023,08 €** (laut Tarifvertrag TV Ärzte VKA, seit 1. Januar 2014). Dazu kommen fest vorgesehene jährliche Steigerungen um mehrere hundert Euro. Weitere Informationen zu Tarifverträgen und Gehältern finden Sie beim Marburger Bund unter www.marburger-bund.de/tarifpolitik.

CAVE
Beim Stellenwechsel lohnt es sich, die Einstufung durch die Personalabteilung zu überprüfen, denn bereits erworbene Berufserfahrung sollte auch beim Arbeitgeberwechsel anerkannt werden. Ebenso sollte beim Wechsel der Fachrichtung in den meisten Tarifverträgen Berufserfahrung aus einem anderen Fach anerkannt werden (beim TV Ärzte TdL zählt z. B. „einschlägige Berufserfahrung" als Arzt, nicht jedoch aus nichtärztlicher Tätigkeit). Die Kliniken versuchen jedoch teilweise zunächst Geld durch niedrigere Einstufungen zu sparen, also: im Tarifvertrag nachlesen!

5.3.3 Weiterbildungsvereinbarung

Alle Regelungen und Bestimmungen bzgl. der Ärztlichen Weiterbildung werden von den 17 Landesärztekammern für ihren Bereich herausgegeben und überwacht. Sie sind von den Ärzten selbst gewählte und durch Mitgliedsbeiträge finanzierte Instanzen, die für die Rahmenbedingungen der in unserem Land stattfindenden ärztlichen Heilkunde im Sinne der ärztlichen Selbstverwaltung verantwortlich sind. Die Landesärztekammern sind in der Bundesärztekammer zusammengeschlossen, die als Verein organisiert ist und eine Arbeitsgruppe der regionalen Körperschaften öffentlichen Rechtes (Landesärztekammern) darstellt. Die jeweiligen Landesministerien kontrollieren die Ärztekammern im rechtlichen Sinne, jedoch nicht, was die fachlichen Belange angeht (▸ Kap. 2.2.2).

Entsprechend organisieren die Ärztekammern die gesamte Weiterbildung: von den inhaltlichen Anforderungen bis zur Organisation der Prüfung.

Der Abschnitt A der Weiterbildungsordnung, der allgemeine Paragraphenteil, definiert genau, was Ärztliche Weiterbildung ist und welches Ziel sie verfolgt (nämlich die Sicherung der Qualität ärztlicher Berufsausübung). Darin steht auch, dass eine Befugnis, Ärzte weiterzubilden, bei der Ärztekammer beantragt und begründet werden muss. (Das machen die Weiterbildungsbefugten heute auch online.) Auf den Homepages ist eine Liste mit allen Weiterbildungsbefugten der Region abzurufen. Wenn im Arbeitsvertrag, der im stationären Bereich i. d. R. mit dem Haus geschlossen wird, nichts zur Ärztlichen Weiterbildung im Rahmen der Tätigkeit erwähnt ist, muss dies zusätzlich **schriftlich mit dem Befugten vereinbart** werden. Das ist wichtig, damit ein weiterbildungsbefugter Arzt nicht im Anschluss an die Tätigkeit angeben kann, er habe in diesem Fall keine Weiterbildung anbieten und somit auch nicht bescheinigen können (was bei Streitigkeiten leider vorkommt). In der Weiterbildungsordnung § 5 (5) wird erwähnt, dass der zur Weiterbildung befugte Arzt bei Beantragung der Befugnis ein **gegliedertes Programm für die Weiterbildung**, die er anbietet, einzureichen hat. Der Weiterbildungsleiter habe dieses Programm den unter seiner Verantwortung stehenden Weiterzubildenden auszuhändigen. Diese Formalitäten sollten auch eingehalten werden. Am Ende wird es sonst schwer zu belegen sein, dass einem auch ein Weiterbildungszeugnis, das zur Anmeldung der Facharztprüfung notwendig ist, zusteht, und die Weiterbildung regelkonform erfolgte.

! Bitten Sie ggf. die zuständige Landesärztekammer, Ihnen eine Formulierung für eine Weiterbildungsvereinbarung zur Verfügung zu stellen.

5.3.4 Arbeitsvertrag

Der Arbeitsvertrag regelt die rechtlichen Verhältnisse zwischen dem Arbeitgeber und Ihnen als angestellter Arzt. Es macht keinen Sinn, als Mediziner eine Wissenschaft daraus zu machen, den Arbeitsvertrag zu überprüfen. Die Arbeitsverträge aber nach typischen „Fallstricken" abzuscannen und ggf. vor Unterschrift die Vereinbarungen hinzufügen zu lassen, die mit dem Klinikdirektor, Chefarzt, leitenden Arzt oder Praxisbetreiber abgesprochen wurden, kann hilfreich sein.

Es ist möglich, dass Ihr erster Arbeitgeber Ihnen den Arbeitsvertrag erst wenige Tage vor dem Arbeitsbeginn schickt oder Sie sogar erst am ersten Arbeitstag unterzeichnen lässt. Diese Vorgehensweise ist absolut nicht akzeptabel, zumal Sie die verbindliche Sicherheit eines Vertrages benötigen, bevor Sie andere Jobangebote absagen. Zudem ist es am ersten Arbeitstag zu spät, ernsthaft die Regelungen des Vertrages zu überprüfen und ggf. zu ergänzen oder ändern zu lassen. Also beginnt in diesem Fall Ihr Arbeitsverhältnis bereits am ersten Tag nicht auf Augenhöhe. Deshalb ist es empfehlenswert, den künftigen Chef und die Personalabteilung frühzeitig um die **Zusendung des schriftlichen Arbeitsvertrages** zu bitten. Dadurch entgeht Ihnen auch nicht die Möglichkeit – sofern Sie sich für die Mitgliedschaft in einer Ärztevereinigung wie dem Marburger Bund entschieden haben – den Vertrag kostenlos von einem Rechtsanwalt überprüfen zu lassen.

Was die Vereinbarungen im Detail angeht, gibt es oft nicht viel Spielraum, weil viele Klinikarbeitsverträge sich auf Tarifverträge beziehen und dies auch auf der ersten Seite erwähnen (▶ Kap. 5.3.2). Alle Einzelheiten und Klauseln sind dann im entsprechenden Tarifvertrag nachzulesen, der Arbeitsvertrag selbst besteht nur aus zwei bis drei Seiten.

Sobald Sie den Vertrag in Ihren Händen halten, überprüfen Sie, ob die **Befristung** wie besprochen – und nicht kürzer – ausfällt. Günstig ist eine Befristung für die Dauer der Facharztweiterbildung. Es ist allerdings zu beachten, dass der Arbeitgeber während der Wartezeit auf die Prüfung, wenn bereits alle Zeiten und Inhalte erbracht sind, nicht mehr an das Arbeitsverhältnis gebunden ist (oft aber das Arbeitsverhältnis weiterlaufen lässt, da Ärzte dringend gebraucht werden).

Schauen Sie nach, ob aus dem Arbeitsvertrag hervorgeht, dass Sie als **Arzt in Weiterbildung** beschäftigt werden, ansonsten lesen Sie bitte ▶ Kapitel 5.3.3.

In Ergänzung zum schriftlichen Arbeitsvertrag wird Ihnen in den meisten Fällen eine s.g. **Opt/Out-Regelung** mit der *„Bitte um Unterschrift"* vorgelegt.

Hierzu sollte man wissen, dass es sich um eine **vollständig freiwillige Erklärung**, die im deutschen Arbeitszeitgesetz vorgeschriebene Obergrenze von 48 Wochenstunden individuell zu überschreiten, handelt. Diese Regelung hat in den Krankenhäusern Einzug gehalten, nachdem 2004 der Bereitschaftsdienst grundsätzlich der Arbeitszeit zugerechnet wurde, sodass die Ärzte mit ein bis zwei 24-Stunden-Diensten pro Woche die 48-Stunden-Grenze überschritten. Ist die individualvertragliche Opt/Out-Vereinbarung erst unterschrieben, kann sie meist mit einer Frist von sechs Monaten aufgekündigt werden, was für ein Kollektiv von stark dienstbelasteten Ärzten einer Abteilung theoretisch ein starkes **arbeitspolitisches Instrument** bedeutet. Würden alle oder die meisten Arbeitnehmer einer Fachabteilung ihre Einwilligung widerrufen, wäre dies oft nur durch die Einstellung weiterer Ärzte zu kompensieren. Relevant ist dieses Hintergrundwissen, da jungen Ärzten zunehmend auch die Vereinbarkeit von Freizeit, Lebensqualität, Familie und Beruf wichtig wird, und der Zusatzverdienst, der durch viele Dienste erlangt werden kann, vielen heute nicht mehr so viel bedeutet.

Wenn Sie für Ihre Weiterbildung einen **Arbeitsvertrag als Praxisarzt** unterschreiben, können Sie sich einen **Musterarbeitsvertrag** von der jeweiligen Kassenärztlichen Vereinigung herunterladen oder aushändigen lassen. Beachten Sie, dass unter § 1 vermerkt ist, dass die Einstellung zum Zwecke der Weiterbildung dient, oder zusätzlich zum Arbeitsvertrag eine schriftliche Weiterbildungsvereinbarung geschlossen wird (► Kap. 5.3.3).

Was der ambulante Anstellungsvertrag zudem berücksichtigen sollte, ist:

- die monatliche Vergütung,
- Vergütung für Mehrarbeitsleistung (z. B. pro Stunde mit der monatlichen Vergütung für Vollzeitbeschäftigte, bei 38,5 Wochenstunden sind das 1/167 des Monatsbruttolohnes),
- Vergütung für gutachterliche Äußerungen (z. B. das Honorar nach Abzug der Sachkosten),
- Vergütung für die Teilnahme am allgemeinen kassenärztlichen Notfalldienst (Der Praxisarzt erhält die Vergütung!),
- Sonderzuwendungen (gemäß der für das gesamte Praxispersonal geltenden Regeln),
- Lohnfortzahlung bei Arbeitsunfähigkeit durch Krankheit oder Unfall für mindestens 6 Wochen,
- Anzahl der Urlaubstage pro Kalenderjahr (bei kürzeren Verträgen monatliche, anteilige Berechnung),
- Kilometergeld für Dienstfahrten mit dem eigenen Fahrzeug (Hausbesuche etc.),
- Freistellung des angestellten Praxisarztes von Haftansprüchen Dritter und Einbeziehung in die Berufshaftpflichtversicherung des Praxisbetreibers,
- Probezeit (3 Monate sind üblich).

Auch bei Sympathie und schneller Einigung macht es Sinn, zwischen Ihnen und dem Arbeitgeber diese Statuten kurz schriftlich zu fixieren – so wissen die Beteiligten, woran sie sind. Die Frage der Vergütung z. B. im Alltag zu klären, wenn man für den Kollegen kurzfristig einen Notdienst übernommen hat, sorgt meist für unnötige Belastungen.

5.3.5 Kündigung und Vertragsende

Möchten Sie ein Arbeitsverhältnis beenden, funktioniert das in der Probezeit meist mit kürzeren Fristen (von z. B. zwei Wochen zum Monatsende), als im normalen Arbeitsverhältnis, bei dem Fristen wie z. B. *„vier Wochen zum Ende eines Kalendervierteljahres“* beachtet werden müssen. Das würde bedeuten, Sie haben vier Wochen Kündigungsfrist. Die Kündigung kann jedoch nur zum Ende des Monats März, Juni, September oder zum 31. Dezember wirksam werden, wenn Sie vier Wochen vor dem jeweiligen Stichtag schriftlich der Personalabteilung vorgelegt haben. Es ist also im Allgemeinen hilfreich zu wissen, wie die **Kündigungsfristen** aussehen, um die folgenden Schritte richtig planen zu können.

Wie sag ich's meinem Chef? Eine entscheidende Frage ist, ob Sie aus nachvollziehbaren Gründen den Arbeitgeber verlassen, weil Sie sich z. B. beruflich weiterentwickeln möchten oder andere Weiterbildungsinhalte für den angestrebten Facharzt benötigen, die Ihnen die aktuelle Stelle nicht bieten kann. Der Chefarzt wird es Ihnen in diesem Fall sicher danken, wenn Sie das offene Gespräch mit ihm suchen und ihn über Ihren Plan als Ersten informieren. Er kann sich dann eine Strategie überlegen, wie er am besten zu einer schnellen Wiederbesetzung Ihrer Stelle kommt, wenn die Personalstelle ihn über Ihre Kündigung informiert. Im Idealfall sollte Ihr Chef nicht nur die Belange der Klinik oder Praxis im Blick haben, sondern auch in Fragen der Ärztlichen Weiterbildung und entsprechenden Planungen Ihr Ansprechpartner und Mentor sein.

Leider ist die Entwicklung eines solchen Vertrauensverhältnisses nicht immer möglich, und es kann sein, dass Sie Ihren Job Hals über Kopf verlassen, weil Sie z. B. für Ihre Weiterbildungsbelange oder für die Erhaltung Ihrer Gesundheit in einer Abteilung keine Perspektive mehr sehen. Auch wenn Sie in Bedrängnis geraten, kann es – je nach Situation – sinnreich sein, das Gespräch mit dem Vorgesetzten oder aber mit anderen vertrauten Kollegen, dem Personalrat oder dem ärztlichen Direktor zu suchen. Gerät man als angestellter Arzt in Weiterbildung in **Konflikte**, kann das die Arbeit und Arbeitsfähigkeit erheblich beeinträchtigen.

Wollen Sie die Stelle wechseln, ohne dies mit Vorgesetzten besprochen zu haben, so ist dies auch eine völlig legitime Entscheidung – dafür gibt es schließlich die rechtliche Möglichkeit einer Kündigung. Warten Sie den Beginn der Kündigungsfrist (mit zwei bis drei Tagen als Puffer) bis fast vor den letztmöglichen Termin ab und reichen Sie die Kündigung eigenhändig beim Personalsachbearbeiter ein (gegen Eingangsstempel auf einer identischen Kopie, die Sie dabei haben) oder senden Sie sie per Einwurfeinschreiben. Informieren können Sie natürlich, wen immer Sie wollen. Wenn Ihr Chef ganz und gar nicht angetan ist von Ihrer Kündigung und sich über Sie ärgern sollte, bitten Sie ihn um eine Freistellung bis zum Austrittstermin oder nehmen Sie Ihren gesamten Resturlaub.

Denken Sie daran, sich **drei Monate**, bevor Ihr befristeter Vertrag ausläuft, bei der **Agentur für Arbeit** arbeitssuchend zu melden. Dies ist online möglich und berechtigt Sie, wenn Sie die anderen Bedingungen erfüllen, Arbeitslosengeld zu beziehen, bis Sie eine neue Stelle antreten. Versäumen Sie die Frist von drei Monaten, können Sie nach Ende Ihres Arbeitsvertrages Tage bis Wochen für den Bezug von Arbeitslosengeld I gesperrt werden.

Wenn Ihnen eine **Vertragsverlängerung in Aussicht** gestellt wurde, die noch nicht drei Monate vor Vertragsende zur Unterzeichnung fertiggestellt ist (was meistens der Fall ist), melden Sie sich sicherheitshalber trotzdem arbeitssuchend – es entstehen keine Nachteile, wenn es dann doch nicht zur Arbeitslosigkeit kommt.

Wenn Ihnen eine Vertragsverlängerung nicht mehr rechtzeitig zugeht, und Sie den ersten Tag nach einem erfüllten / ausgelaufenem Vertrag weiterarbeiten (nach mündlicher Verabredung mit dem Vorgesetzten), hat der Arbeitgeber einen unbefristeten Vertrag mit Ihnen geschlossen. Sie können – wenn der schriftliche Vertrag fertig ist – natürlich noch unterschreiben und haben dann mit Ihrer Unterschrift nachträglich doch einer Befristung zugestimmt (wenn diese in der Vertragsverlängerung vorgesehen ist).

5.3.6 Zeugnis und Logbuch

Immer, wenn ein Beschäftigungsverhältnis zu Ende geht – durch Befristung oder durch Kündigung –, steht Ihnen ein **Arbeitszeugnis** (für den Arbeitsmarkt) und ein **Weiterbildungszeugnis** (für die Ärztekammer) zu. Für das Arbeitszeugnis ist der Arbeitgeber, also die Geschäftsführung oder der Vorstand, zuständig, für das Weiterbildungszeugnis und das Weiterbildungslogbuch, das in allen Bundesländern für die spätere Anmeldung zur Facharztprüfung geführt werden muss, der Weiterbildungsbefugte (meist Chefarzt oder Praxisbetreiber). Beide Zeugnisse sollten vom Arbeitgeber unverzüglich nach Ausscheiden aus dem Dienstverhältnis erstellt werden. Wird eines der Zeugnisse bei noch bestehender Beschäftigung vom Arbeitnehmer / weiterzubildenden Arzt angefordert, besteht immerhin eine Frist von längstens drei Monaten für die Ausstellung der Dokumente. Dies kommt zum Tragen und sollte beachtet werden, wenn man sich bei bestehendem Arbeitsverhältnis bei der Ärztekammer zur Facharztprüfung anmeldet und dafür Weiterbildungszeugnis und Logbuch benötigt.

Der Arbeitgeber darf auch das Arbeits- und Weiterbildungszeugnis in einem Dokument vereinen. Dann ist unbedingt darauf zu achten, dass den **Anforderungen** eines ärztlichen Weiterbildungszeugnisses entsprochen wird. Das sind insbesondere die folgenden Punkte:

- Präzise Angaben über die erworbenen Kenntnisse, Erfahrungen und Fertigkeiten
- Angaben zur fachlichen Eignung
- Art und zeitlicher Umfang der Tätigkeit, Nacht- und Bereitschaftsdienste
- Angaben zum Erreichen des Weiterbildungsziels (beim letzten Weiterbildungsabschnitt)

Immer wieder gibt es Unklarheiten, wie die **Logbücher der Landesärztekammern** auszufüllen sind, weil einzelne Punkte daran missverständlich erscheinen. Folgendes hat sich bewährt:

Checkliste

- Benutzen Sie möglichst das Logbuch aus dem Bundesland, in dem Sie sich zur Prüfung anmelden.
- Auf das Deckblatt schreibt der Arzt in Weiterbildung seine persönlichen Daten sowie seinen Weiterbildungsgang mit den bisherigen Arbeitsstellen.
- Auf den ersten drei Seiten wird der „Allgemeine Teil" der Weiterbildungsordnung (WBO) dokumentiert, den jeder in seiner Facharztweiterbildung erfüllen muss – ganz gleich welcher Fachrichtung. Dies muss der Weiterbildungsbefugte, bei dem die Basisweiterbildung erfolgt ist, einmalig abzeichnen und dabei das Datum des Tages der Bescheinigung angeben. (Viele machen hier große Klammern und unterzeichnen gleich alles.)
- Es folgt der spezielle Teil, bei dem eine Anzahl bestimmter Weiterbildungsinhalte angegeben werden muss. Die sechs Felder bei „Intern vermittelte Kenntnisse" können mit Jahreszahlen versehen werden, wobei die jeweils erreichte Summe vermerkt und ganz rechts vom Weiterbildungsbefugten unterzeichnet wird.
- Werden „Extern vermittelte Kenntnisse" erworben, werden sie in dieser Spalte vermerkt und die Bescheinigung dem Antrag zur Facharztprüfung beigefügt.
- Auf der letzten beschreibbaren Seite werden die verpflichtenden jährlichen Weiterbildungsgespräche mit Gesprächsinhalt und Unterschrift beider Partner dokumentiert.

Ein Beispiel für ein ausgefülltes Logbuch finden Sie im unter www.schattauer.de/2902.html.

! Hilfreich ist es, ein Exemplar des Logbuchs griffbereit zu haben. Wenn die Monate während der klinischen Tätigkeit dahinrasen, sollte man immer mal wieder schauen, was für Weiterbildungsschritte einem noch bevorstehen, um rechtzeitig nach bestimmten Funktionen oder Rotationen fragen und Interesse bekunden zu können.

5.3.7 Krankheit

Die Magen-Darm-Grippe grassiert auf Station, oder Sie sehen täglich mehrere Patienten mit fieberhafter Virusbronchitis, und schon ist es passiert: Es geht gar nichts mehr. Fieber, Husten oder Durchfall lassen selbst einen hartgesottenen Arzt keinen Dienst mehr tun. Wahrscheinlich probiert es jeder mal, auch richtig krank arbeiten zu gehen, und wahrscheinlich macht auch jeder die Erfahrung, dass es eigentlich nicht viel bringt.

Zum einen ist es nicht zu verantworten, vorerkrankte und ggf. immunsupprimierte Patienten anzustecken. Zum anderen ist den Kollegen auch nicht geholfen, wenn sie durch Ansteckung reihum die gleiche lästige Erkrankung bekommen. Am wichtigsten ist, dass Sie sich erholen müssen, wenn Ihr Körper Ihnen Bedarf nach einer Pause signalisiert. Wenn Sie kurativ ärztlich arbeiten, werden Sie mehr oder weniger **Stress** und ein **hohes Arbeitspensum** haben, und je nach Erkrankung kann es auch gefährlich sein, weiter zu arbeiten.

Es gibt zudem viele andere, ernstzunehmende Gründe, weshalb Ärzte bisweilen krankheitsbedingt nicht arbeiten können: z. B. dekompensierte chronische Erkrankungen, Abklärung bei Verdacht auf schwere Pathologien, Unfälle, Schwangerschaftskomplikationen oder Überlastungs- und Erschöpfungssyndrome.

Die antiquierte, stillschweigende Regel, dass Ärzte nicht krank werden dürfen und stramm stehen müssen, ganz gleich in welchen Zustand, ist inzwischen – zum Glück – Schnee von gestern. Das hat nicht nur mit einem altmodischen, **missverstandenen Berufsethos** zu tun, der nämlich eigentlich pathogen ist, sondern auch mit der Stellenmarktsituation, die vor 10–20 Jahren alles andere als entspannt war. Die Klinikdirektoren hatten einen Stapel an Bewerbungen, und junge Ärzte waren tatsächlich in der Bredouille, ihre Stelle unbedingt halten zu müssen – da passte eine Krankmeldung nicht ins Portfolio.

Wenn Sie sich wegen Krankheit nicht arbeitsfähig fühlen, müssen Sie sich morgens bei Ihrem Arbeitgeber krank melden, telefonisch oder per E-Mail. Die verschiedenen Abteilungen haben **Regelungen**, wer im Krankheitsfall zu informieren ist, ob z. B. der Vorgesetzte oder eine Sekretärin – vielleicht fragen Sie bei Arbeitsaufnahme nach.

Schauen Sie in Ihrem Arbeitsvertrag nach, ab dem wievielten Tag Sie eine **Arbeitsunfähigkeitsbescheinigung (AU)** vom Arzt brauchen, und suchen Sie rechtzeitig einen Kollegen auf. Ach so, Sie sind selber Arzt! Dennoch: Ist man gesetzlich krankenversichert, muss auch ein Kassenarzt die AU ausstellen. Auch bei Privatversicherten lohnt sich ein offizieller Gang zum niedergelassenen Arzt, um eine Krankschreibung von einem Dritten beim Arbeitgeber einzureichen und unangenehmen Debatten aus dem Weg zu gehen.

Der Durchschlag mit der Diagnose wird bei der **Krankenkasse** eingereicht, da diese bei längeren Erkrankungen nach 6 abgelaufenen Wochen unter fortgesetzter AU, in denen der Arzt die Lohnfortzahlung vom Arbeitgeber erhalten hat, das Krankengeld zahlt. Diese Zahlung würde über 78 Wochen stattfinden und beträgt 70 % des bisherigen Nettoeinkommens. Bei privaten Krankenversicherungen kann ein Krankentagegeld individuell vereinbart werden. Der Durchschlag ohne Diagnose (der nur halb so groß ist) wird dem Arbeitgeber (unverzüglich) per Post zugesandt.

Zu beachten ist, dass die Begründung für die AU, also Ihre Diagnose, **Privatsphäre** und dem Arbeitgeber nicht mitzuteilen ist, entsprechend auch nicht abgefragt werden darf. Nach Gesetzeslage ist es Ihre Pflicht, als Kranker und von den beruflichen Pflichten entbundener Mensch, Ihre Genesung in jeglicher Hinsicht zu fördern. Der Arbeitgeber wiederum hat, während Sie krankgeschrieben sind, seine Mitarbeiter anzuweisen, keinen dienstlichen Kontakt zu Ihnen aufzunehmen, z. B. durch Anrufe oder Vorladungen.

Wenn man dazu noch in der Lage ist, kann es bei Bedarf hilfreich sein, die vertretenden Kollegen anzurufen oder anzumailen und eine kurze **Übergabe** über den Zustand der anvertrauten Patienten und der aktuellen Aufgaben durchzugeben. Der Arbeitgeber bzw. die Kollegen haben keinen Anspruch, eine Prognose darüber zu bekommen, wann Sie wieder gesund sind (auch wenn dies für die Dienstplaner ein hartes Brot sein kann), zumal ja der behandelnde Arzt und nicht Sie selber das Ende der AU bzw. deren Verlängerung attestiert.

Wenn Sie das Glück haben, Sorgeberechtigter für Kinder zu sein, dürfen Sie auch kurzfristig ausfallen, wenn ein **Kind erkrankt**. Der Arbeitgeber muss für diesen Fall bei zwei berufstätigen Erziehungsberechtigten jeweils **10 Arbeitstage pro Jahr** freigeben, bei **Alleinerziehenden** sogar **20 Arbeitstage**. Über diesen Zeitraum hinaus müssen individuelle Regelungen mit dem Arbeitgeber getroffen werden. Informieren Sie bei Krankheit eines Kindes auch unmittelbar Ihren Arbeitgeber. Ab dem ersten Tag wird eine Krankmeldung vom Kinderarzt benötigt, die beim Arbeitgeber und bei der gesetzlichen Krankenkasse eingereicht werden muss. In diesem Fall wird ein Lohnausgleich von der gesetzlichen Krankenkasse gezahlt.

Auf einen Blick

1. Egal, ob Sie im stationären oder ambulanten Bereich Ihre Facharztweiterbildung beginnen: Es gibt für beides Vor- und Nachteile, die wohl abgewogen und mit den individuellen Belangen abgeglichen werden müssen – achten Sie auch auf Befristungen und die Opt/Out-Regelung.
2. Achten Sie darauf, dass eine Weiterbildungsvereinbarung vertraglich festgehalten ist.
3. Tarifverträge können je nach Träger sehr unterschiedlich sein, daher empfiehlt sich vorher eine genaue Prüfung, auch darauf, ob bisher geleistete Arbeitserfahrung mit honoriert wird.
4. Suchen Sie bei Kündigungsabsicht ggf. frühzeitig das Gespräch mit Kollegen oder dem Vorgesetzten, vergessen Sie nicht, u. U. rechtzeitig Arbeitslosengeld zu beantragen, und denken Sie daran, bei einem Arbeitgeberwechsel ein Arbeitszeugnis und ein Weiterbildungszeugnis zu beantragen.

5. Wenn Sie krank sind, sollten Sie nicht aus falschem Berufsethos „durchhalten", sondern die Ihnen zustehenden Möglichkeiten wahrnehmen.

Quellen

Kassenärztliche Vereinigung Berlin (www.kvberlin.de)
(Muster-)Weiterbildungsordnung der Bundesärztekammer (www.bundesaerztekammer.de/downloads/20130628-MWBO_V6.pdf)

6 Auf in die Klinik

6.1 Die ersten Wochen als Arzt

Nun ist es endlich soweit! Nach mindestens sechs Jahren Universität mit anfangs viel Theorie, dann diversen Famulaturen und später einem ganzen Jahr PJ, ganz zu schweigen von der unendlichen „Kreuzerei", sind Sie endlich Arzt!

Eine ganze Reihe von Formalitäten sowie umfangreiche Bewerbungsbemühungen haben Sie hinter sich gebracht. Der Gedanke an Ihren ersten Tag als Arzt löst das Gefühl der Vorfreude, auch aber der Anspannung aus? Das geht natürlich allen so. Vorher standen Sie als Student noch in der zweiten Reihe und hatten oft die Gelegenheit zu beobachten. Nun stehen Sie als Arzt wirklich im Fokus der Patienten, des Pflegepersonals und der Angehörigen sowie natürlich der Oberärzte, die sich in vielen Dingen ganz alleine auf Sie verlassen.

Doch mindestens die ersten **sechs Wochen** sind als **Einarbeitungszeit** zu sehen, in der Sie die Gelegenheit bekommen sollten, sich in jeder Hinsicht an Ihre neue Tätigkeit und den neuen Arbeitsplatz inklusive Strukturen und Verantwortlichkeiten zu gewöhnen.

Die Menschen in Ihrer neuen Umgebung mögen das anders sehen, denn man hat schon auf Sie gewartet – Arbeit gibt es nämlich genug, wie überall, wo Heilkunde betrieben wird. Das heißt, es kann gut sein, dass ab dem ersten Tag eine Menge Erwartungen an Sie gestellt werden – nicht nur von den Patienten, sondern auch von den ärztlichen Kollegen, vom Pflegepersonal oder von den Arzthelferinnen. Die Schlussfolgerung: Sie müssen selber **auf sich aufpassen!** Nur dann können Sie auch für Ihre Patienten da sein und Ihre Kraft in deren Diagnostik und Therapie stecken. Also los, hier ist das **5-Punkte-Programm** für einen ausgewogenen Berufseinstieg.

6.1.1 Stellen Sie sich vor: Selbstbewusst und zurückhaltend!

In der Frühbesprechung, beim Telefonat mit der Kollegin von der Gynäkologie, bei der Schwester von der Nachtschicht: Stellen Sie sich freundlich und kurz vor und sagen, dass Sie neuer **Arzt in Weiterbildung** in der Klinik oder Abteilung für (Ihre Fachrichtung) sind. So wird gleich deutlich, dass Sie durchaus da sind, um etwas zu bekommen – nämlich Ihre Weiterbildung. Andere Begriffe wie „Assistenzarzt" sind veraltet (und werden sogar nach einem Beschluss des Ärztetages 2010 nicht mehr empfohlen), da sie politisch ein falsches Signal setzen, was die Bedeutung und Stellung des ärztlichen Nachwuchses angeht. Wer assistiert schon gerne tagein tagaus?

Zeigen Sie sich **neugierig,** und fragen Sie nach. Auch wenn Sie etwas besser wissen als die Kollegen vor Ort, versuchen Sie erst einmal zu beobachten.

So wissen Sie nach einer Zeit um die **Strukturen des Teams** und von wem Sie gut profitieren und lernen können, ohne als bedrohliche Konkurrenz wahrgenommen zu werden. Professionell ist es auf jeden Fall, wenn Sie sich am ersten Tag zeigen lassen, wo sich der **Notfallkoffer** und weitere Notfallmedikamente befinden und sich notieren, wie die **Telefonnummer des REA-Teams** lautet.

6.1.2 Machen Sie sich frei: „Ich bin neu hier!"

Erinnern Sie sich, wie anstrengend erste Tage in einer neuen PJ-Abteilung waren? Wie es sich anfühlt, wenn man Patientenzimmer nicht findet, nicht weiß, welche Krankenschwester gemeint ist und wo die Blutentnahmen abgestellt werden? Das Problem: Wir sind Mediziner und sind es gewohnt, unter schlechten Bedingungen viel zu leisten und gut zu „funktionieren". Doch jetzt sind Sie Arzt, stehen vielleicht sogar erstmals in Lohn und Brot und haben die Verantwortung für eine Station oder eine Praxis mit bisher unbekannten Patienten. Nehmen Sie sich die Anspannung, und sagen Sie bei jeder Gelegenheit, dass Sie neu auf dieser Station / in dieser Praxis sind, und es Ihnen noch etwas an Orientierung fehlt (Patienten haben mehr Humor als man denkt): *„Ich habe meinen Dienst in dieser Klinik erst vor wenigen Tagen begonnen – vielleicht kann ich Ihnen noch nicht alles beantworten – ich kenne selber noch nicht alle Abläufe."* Kein Patient der Welt nimmt Ihnen das übel – ganz im Gegenteil, er kann sogar erleichtert sein, dass er seine Gefühle der Verunsicherung mit jemandem teilen kann, und der Stationsarzt ein richtiger Mensch ist. Ebenso werden (die meisten) Kollegen aller Abteilungen und Berufsgruppen Ihnen gerne behilflich sein. Sie machen Ihre Situation transparent, und für Sie sinkt der Druck, gleich in allem perfekt sein zu müssen.

6.1.3 Schaffen Sie gute Bedingungen: Richten Sie sich ein!

Ein Arztzimmer ohne Untersuchungsliege, ein uralter und grell leuchtender PC-Bildschirm und ein Ablageschrank mit fehlendem Schlüssel – eine schlecht gepflegte Arbeitsumgebung gibt es in vielen Krankenhäusern, da das Personal mit starkem Arbeitseinsatz viele Jahre strukturelle Schwächen kompensiert hat. Zudem sind Verantwortlichkeiten für Arbeitsgeräte etc. oft nicht klar, da alle mit der Patientenversorgung (und ggf. Forschung etc.) genug zu tun haben. Also **selber aktiv werden!** Die Zeit, die Sie zur Herstellung vernünftiger Arbeitsbedingungen investieren, zahlt sich garantiert aus. Sie werden erstaunt sein, wie sich die Anrufe bei der **Haustechnik** oder der **EDV-Abteilung** (im Telefonbuch des Hauses nachschlagen) lohnen, wenn man höflich das Fehlende oder Defekte anfragt: Meist wird alles, was man benötigt, unkompliziert und nach wenigen Tagen angeliefert – übrigens auch Untersuchungslampen, Stethoskope und was man nach der traditionellen Überzeugung vieler Berufseinsteiger selber alles so anschaffen müsse.

Auf dem Schreibtisch empfehlen sich ein paar Ablagekörbe für ein- und ausgehende Akten, eine Schreibtischlampe, die helles Licht für müde Augen liefert, und ein Diktiergerät, das funktioniert. Vielleicht bestellen Sie sich noch ein paar Flaschen Desinfektionsmittel und ein paar wichtige Notfallmedikamente in der **Krankenhausapotheke** – die wird Ihnen niemand vorenthalten wollen! Beim Elektromarkt Ihres Vertrauens können Sie sich eine Kaffeemaschine besorgen oder einen Wasserkocher, falls Sie Teetrinker sind. Sofern Sie Ihr neues Arztzimmer nicht alleine verwenden, werden die Kollegen zunächst ein wenig verstört gucken, und dann wird sich bald Dankbarkeit und Ehrfurcht einstellen.

6.1.4 Verstehen Sie sich als Teamplayer: Vernetzen Sie sich!

Es kann sein, dass Ihnen in den ersten Tagen nicht ganz klar ist, was alles zu Ihren Aufgaben gehört. An verschiedenen Stellen schnappen Sie verschiedene Meinungen auf, was zu der Aufgabenbeschreibung Ihrer Stelle als Arzt dazugehören soll. Ebenso gibt es über bestimmte Behandlungsstandards, organisatorische Abläufe und über die Befugnisse der Ärzte in Weiterbildung oftmals verschiedene Ansichten. Es lässt sich nicht alles sofort klären, aber es ist unerlässlich, sich zu vernetzen. Speichern Sie sich in den ersten Tagen alle **wichtigen Telefonnummern** in Ihrem Telefon ab: Chefarztsekretariat, zuständiger Oberarzt, Stationsarztkollegen, Stations-Pflegestützpunkt, REA-Team, Labor, Notaufnahme, OP, Anästhesie, wichtige Konsil-Ärzte, Krankentransport, Giftnotruf, Zentrale usw. (bzw. in der Praxis wichtige Zuweiser und externe Diagnostiker sowie die nächstgelegene Rettungswache). Taucht während der Arbeit eine Frage auf, die Ihnen wichtig erscheint, klären Sie sie direkt mit dem richtigen Ansprechpartner, und Sie schleppen weniger Fehlinformationen mit sich herum.

Bitten Sie Kollegen um Hilfe, wenn Ihnen bestimmte Dinge unklar sind, und erfragen Sie alles, was Ihnen nötig erscheint. Helfen auch Sie Kollegen – Medizin ist Teamarbeit. Es kann allen die Zusammenarbeit und damit den Alltag erleichtern, wenn nicht jedes bisschen, das an Arbeit anfällt, mit dem spitzen Bleistift auseinandergerechnet und aufgeteilt wird. Wenn Sie schon die Blutentnahmen machen und Infusionen anhängen – warum nicht für den Kollegen gleich mit, vorausgesetzt, dieser ist einverstanden und nimmt Ihre Bemühung als Entlastung wahr.

Gehen Sie zum **Mittagessen** – gemeinsam mit Ihren neuen Kollegen. Eigentlich hätten Sie genug zu tun, aber dieser Ort eignet sich hervorragend, in Kontakt zu kommen und zu bleiben und mögliche Unklarheiten zu beseitigen. Zudem stärken Sie sich und kommen für eine halbe Stunde aus Ihrem Arbeitsumfeld heraus – diese 30 Minuten zahlen sich aus!

6.1.5 Nutzen Sie Hilfsmittel: Diese Web-Portale und Apps wollen Sie nicht missen!

Über vieles müssen sich Ärzte den Kopf zerbrechen: die richtige Diagnose finden und die beste Therapie ermitteln. Die gute Nachricht ist, dass es für die kleinen Fragen auf dem Weg dorthin viele nützliche und häufig aktualisierte Hilfen im Internet gibt:

1. Die äußerst hilfreiche **Medikamenten-App** „Arznei aktuell" (www.ifap.de/mobile-loesungen/arznei-aktuell/) gibt es für iOS und Android. Sie wird von der Firma ifap herausgegeben, die auch für viele Arztpraxen und Krankenhäuser in Deutschland Arzneimitteldatenbanken erstellt und pflegt. Auf einer übersichtlichen Oberfläche hat man kostenlosen Zugriff auf alle relevanten Informationen zu verschreibungs- und apothekenpflichtigen Medikamenten, die auf Wunsch alle 14 Tage aktualisiert werden können. Das Schöne ist: Die gesamte Datenbank kann offline am Handy genutzt werden! Alternativ ist natürlich der Klassiker „Rote Liste" (www.rote-liste.de) zu erwähnen, der inzwischen auch mobile Lösungen für Smartphones anbietet.
2. Eine digitale, dynamische und klinisch denkende **Informationsquelle für medizinisches Wissen** ist „UpToDate" (www.uptodate.com). Sie wird von Tausenden Ärzten verfasst, ist evidenzbasiert und beinhaltet eine hochkomplexe „klinische Entscheidungshilfe". Es gibt zwei Wermutstropfen: Das System gibt Leitlinien und Medikamentendosierungen nach amerikanischen Standards wieder und ist nicht ganz günstig. Für ein Jahr werden derzeit 199 $ fällig. Viele Kliniken bieten jedoch für alle ärztlichen Mitarbeiter einen Gruppenzugang an, also lohnt es sich nachzufragen. Der Zugang ist auch über Apps auf mobilen Geräte mit iOS, Android und Windows RT-Betriebssystemen möglich. Eine kostenlose, auch sehr gute Alternative ist das Portal „Medscape" (www.medscape.com) mit seiner Artikel- und Fachbuchsammlung „eMedicine".
3. Aktuelle **Behandlungsleitlinien** der Arbeitsgemeinschaft der Wissenschaftlichen Medizinischen Fachgesellschaften (AWMF) e.V. anhand von Leitsymptomen oder Diagnosen sowie Informationen über Krankheitsbilder für Patienten finden Sie unter www.awmf.org.

Zudem gibt es Quellen, die Sie über Berufspolitik, medizinische Entwicklungen und die gesellschaftliche Entwicklung von Medizin und Arztberuf auf dem Laufenden halten:

1. Die Ärztezeitung (www.aerztezeitung.de) ist Deutschlands einzige **Tageszeitung speziell für Ärzte**, die vornehmlich über Themen aus Gesundheitspolitik und Medizin berichtet. Auf dem Laufenden ist man auch über die App-Ausgabe (iOS und Android), die im Jahr 2013 den Preis „Fachmedium des Jahres" erhalten hat.
2. Es kann schon beinahe ein Genuss sein, in der Online-Ausgabe oder der App von „The New England Journal of Medicine" zu schmökern, einer der an-

gesehensten **medizinischen Fachzeitschriften**. Abstracts aller Artikel, inklusive der aktuellen Ausgabe, sind frei zugänglich. Sechs Monate nach der Veröffentlichung sind dann alle Artikel im Volltext abzurufen.
3. Eine absolute Bereicherung ist es, etwas mehr von der eigenen medizinischen Fachrichtung und ihrer **Wahrnehmung in der Öffentlichkeit** zu verstehen sowie keine Kongresse, Tagungen und aktuellen Artikel der Laienpresse mehr zu verpassen. Es ist sehr empfehlenswert, bei „Google Alerts" (www.google.de/alerts) eine Suchanfrage für den Namen der eigenen Fachrichtung und verwandter Begriffe (z. B. Kinderheilkunde, Pädiatrie, Kinderarzt) anzulegen sowie für alles Weitere, worüber man medizinisch oder berufspolitisch auf dem Laufenden gehalten werden möchte. Zwischendurch erhält man dann per E-Mail alle aktuellen Suchergebnisse aus dem Web (und weiß somit auch in etwa, was die Patienten lesen).
4. „Lerne, darüber zu sprechen" ist das Motto der Berichtssysteme CIRS (Critical Incident Reporting System, z. B. www.cirsmedical.de) zur Meldung von **kritischen Ereignissen und Beinahe-Schäden** in Einrichtungen des Gesundheitswesens. An dieses Instrument zur Verbesserung der Patientensicherheit erfolgen die Meldungen von Mitarbeitern medizinischer Einrichtungen völlig anonym über das Internet. Berufene Experten des jeweiligen CIRS geben dann wie der Beteiligte selber Ratschläge ab, wie solche oder ähnliche Vorfälle in Zukunft verhindert werden können. Die Fälle werden verfremdet, ohne Rückschlüsse auf die ursprünglich Beteiligten veröffentlicht, sodass andere in der Patientenversorgung Tätige von den Erfahrungen profitieren können.

6.2 Kontakt und Kommunikation

6.2.1 Patienten und Angehörige

Als Berufseinsteiger erachten wir Ärzte es als überaus wichtig, in fachlicher Hinsicht alles im Blick zu haben und keine Fehler zu machen. Da kann es schon einmal stören oder sogar lästig werden, wenn ein Patient eine wichtige therapeutische Maßnahme ablehnt oder z. B. ein Aufklärungsgespräch immer wieder unterbricht und vom Kern wichtiger Punkte abschweift. Zudem stellt sich in der klinischen Arbeit häufig die Frage, zu welchem Zeitpunkt man einen Patienten z. B. über das (mögliche) Vorliegen einer schweren Erkrankung informieren sollte und wie verkopft und detailliert oder wie emotional auffangend respektive distanziert die Gesprächsführung sein sollte. Außerdem ist es entscheidend für das eigene Zeitmanagement, wie viel Bedeutung und damit Zeit ich dem Thema **Arzt-Patient-Kommunikation** einräume. Da dieses komplexe und wirklich wichtige Thema ganze Fachbücher füllt, wird an dieser Stelle eine strikte Reduktion auf die praktische Situation für Sie als Berufsanfänger vorgenommen. Entsprechend sollen die Grundlagen der Kommunikationslehre an dieser Stelle wegfallen und aus dem Alltag bewährte Tipps Erwähnung finden:

1. Wichtig ist zunächst, dass **Sie sich sicher fühlen** dürfen! Sie haben ein hochanspruchsvolles Studium hinter sich, haben alle Prüfungen mit Erfolg absolviert und wurden von Ihrem neuen Chef eingestellt, der Ihnen somit die Tätigkeit als voll approbierter Arzt zutraut. Es gibt also keinen Grund, Ihr Licht unter den Scheffel zu stellen. Vielleicht kommen schon in den ersten Tagen schwierige Gespräche auf Sie zu, wie die Überbringung einer Todesnachricht oder die Besprechung einer malignen Diagnose, und Sie fühlen sich in diesem Moment ganz und gar nicht darauf vorbereitet und haben ein ungutes Gefühl. Dennoch werden Sie diese Situationen meistern und sehen, wie viele Fähigkeiten Sie bereits im Studium, den Famulaturen und dem PJ, vielleicht sogar schon im Erstberuf, verinnerlicht haben, die Ihnen nun helfen!
2. Wenn Sie mit Patienten und Angehörigen sprechen, die Sie noch nicht kennen, ist es immer ein gelungener Einstieg, wenn Sie sich kurz mit Ihrem Namen und Ihrer Funktion (z. B. Stationsarzt) vorstellen, ggf. die Hand geben und eine **verbindliche Atmosphäre** herstellen. Dazu gehört auch, Patienten, Angehörige oder Besucher, die Sie ansprechen, wiederum nach ihrem Namen (und ggf. ihrer Beziehung zum Patienten) zu fragen, bevor Sie in ein Gespräch einsteigen. Hilfreich kann es sein, am Anfang eines Gespräches mitzuteilen, wie lange Sie nun Zeit haben werden, z. B. „*Wir können jetzt für 10 Minuten über die morgige Entlassung und Ihre Weiterbehandlung sprechen*". Sie geben so dem Patienten / den Angehörigen die Möglichkeit, alles Wichtige in diesem Zeitraum ansprechen zu können. Werden Sie z. B. im Stationsdienstzimmer oder auf dem Flur angesprochen, wenn Sie in Eile sind, kann der Verweis auf ein späteres Gespräch sinnreicher sein („*Sie haben eine Frage, ich kann sie leider erst zu einem späteren Zeitpunkt mit Ihnen klären.*") als eine schnelle Antwort anzubieten, durch die indirekte Kommunikation aber das „Gehetzt-Sein" zu vermitteln. Ein konkretes Angebot hat sich – da wo es möglich ist – auch immer wieder als entlastend erwiesen: „*Sie würden gerne Ihre Blutwerte wissen, lassen Sie uns in der Visite darüber sprechen – bitte erinnern Sie mich.*" Versuchen Sie bei allen überraschenden, unvorbereiteten Gesprächssituationen (und die werden ganz sicher immer wieder auf Sie zukommen), Ihren Impuls zu antworten wahrzunehmen, dann aber nochmal genau zu eruieren, ob Sie überhaupt gerade in der Lage und willens sind, in das entsprechende Gespräch einzusteigen (Schweigepflicht, Zeitplan, fehlende Vorbereitung). Sollte das nicht der Fall sein, kann ein **höfliches Vertagen** des Gespräches Sinn machen.
3. Vergessen Sie das Märchen vom Arzt-Patient-Gespräch „auf Augenhöhe". Sie und Ihr Patient haben völlig **unterschiedliche Ausgangsbedingungen**: Zum einen ist der Patient Ihnen fachlich natürlich massiv unterlegen, zum anderen neigen Patienten dazu, verschiedene Vorstellungen und Wünsche in ihren Arzt hineinzuinterpretieren und ihm diverse (z. B. altruistische oder allmächtige) Eigenschaften zu unterstellen. Dies stellt ein massives **Ungleich-**

gewicht in der Flexibilität der Gesprächspartner – zu Ungunsten des Patienten – dar. Ihre Aufgabe ist es, aufgrund der inhaltlichen und kommunikativen Wissensvorsprünge, das Gespräch zu führen und dem Patienten die nötigen Informationen zu geben, um seine Situation aktiv gestalten zu können. Zudem sollte der Patient sich möglichst verstanden fühlen und sich bei ihm ein Gefühl des Angenommen-Seins einstellen – nur so kann er beginnen, einen individuellen Umgang mit seiner Krankheit oder geplanten Therapie zu finden.
Je nachdem, wie stark Sie unter Zeitdruck stehen oder wie akut erkrankt Ihr Patient ist, werden Ihnen auch **direktive Maßnahmen** weiterhelfen, die den Patienten davor bewahren, durch Sprechen über Irrelevantes oder nicht Veränderbares wichtige Gesprächsinhalte zu vermeiden. Dabei können Interventionen wie die Folgende helfen:
„Ich kann verstehen, dass Sie sehr unter Druck stehen / angespannt sind / erschöpft sind, aber für die weitere Behandlung ist es sehr wichtig, dass Sie versuchen, auf meine Fragen zu antworten."

4. Bei der Überbringung von **Todesnachrichten** oder der **Übermittlung schwerwiegender Diagnosen** sowie bei der Aufklärung zu **invasiven medizinischen Eingriffen** sollte Feingefühl und Professionalität trainiert werden.
Bei der **Überbringung einer Todesnachricht** eines Patienten an einen Angehörigen kann es von größerem Respekt zeugen, authentisch aufzutreten und selektiert auch etwas von sich preiszugeben. Eine angemessene Reaktion wäre durchaus auch Ratlosigkeit und Enttäuschung, was nicht mit Ratschlägen oder intellektuellen / sachlichen Erklärungsansätzen überspielt werden sollte. In vielen Fällen gibt es vielleicht gar nicht so viel zu sagen oder zu erklären, was für uns als Ärzte manchmal schwieriger erscheint, als naturwissenschaftlich geleitete Begründungen in den Fokus zu rücken. Eine selektive Selbstöffnung kann an dieser Stelle viel authentischer und entlastender sein:
„Das ist eine schwierige / traurige Situation, es gibt derzeit leider nicht mehr, was ich Ihnen dazu sagen kann, um Ihnen zu helfen."
Bei der Bekanntgabe einer **schweren Diagnose**, die zu erfahren der Patient natürlich ein unbedingtes Recht hat, hilft es teilweise, sich vorzutasten, wie viel „nackte Wahrheit" er derzeit verkraften kann. Es ist auch legitim, in stillschweigender Übereinkunft, schwierige Themen – insbesondere in belasteten Situationen – zu vermeiden. Dies wird oft spürbar, wenn der Patient gegen etwas, was man ihm mitteilen möchte, „anredet" oder Ihre angefangenen Sätze frühzeitig beendet. Es kann in diesen Situationen zum kommunikativen Durchbruch führen, wenn man genau dieses Phänomen benennt und bewusst in das Gespräch hineinholt: *„Ich habe das Gefühl, dass Sie zum jetzigen Zeitpunkt gar nicht mehr über die Einzelheiten Ihrer Erkrankung sprechen möchten. Liege ich richtig? Wir können wann anders noch auftauchende Fragen klären."*
Klären Sie zu einem invasiven diagnostischen oder therapeutischem Eingriff auf, müssen natürlich alle **Risiken** benannt werden. Dennoch ist zu beach-

ten, dass Patienten die Gefühle erleben, auf die ihre Aufmerksamkeit gelenkt wird. Das können wir uns zunutze machen: So kann es in einem Aufklärungsgespräch, das sich vornehmlich mit Risiken und Nebenwirkungen befasst, hilfreich sein, wenn Sie Ihre **Zuversicht** auf einen guten Verlauf und Ihr Vertrauen in die jeweilige Maßnahme nochmals deutlich machen (und damit auch das Positive deutlich hervorheben). Alle Verkleinerungen wie *„Das verursacht nur wenig Schmerzen"* oder *„Das wird nur ein kleiner Schnitt"* senken nicht den Stresslevel, weil die Wörter „Schmerz" und „Schnitt" direkt mental wirken, nicht aber die kognitiv vorgeschobene Reduzierung. Auch Sätze wie *„Sie brauchen keine Angst haben"* führen eher zum Erleben von derselben, weil eben doch die Angst in der Assoziation mit dem Bevorstehenden vom Arzt angeführt wird. Um Patienten zu beruhigen, ist es oft nützlich, nicht Sätze wie *„Entspannen Sie sich einfach"* (was als bewusster Willensakt nicht funktioniert) zu benutzen, sondern z. B. zu fragen, wo der letzte Urlaub verbracht wurde oder ob das Enkelkind am Wochenende zu Besuch komme, um einen freudigen Gedanken zu fokussieren (die Aufmerksamkeit umzulenken), neben dem mindestens für einen Moment keine Sorge parallel bestehen kann. (Man kann nur einen Gedanken zur gleichen Zeit haben.)

5. Besonders **schwierige Situationen**, wie ein massiv erregter und angespannter Patient und **Beschwerden** über die Behandlung, sollten mit Geschick aufgefangen werden. Ist Wut und Ärger von Seiten eines Patienten oder Angehörigen im Spiel, versuchen Sie innerlich distanziert zu bleiben und aktiv zuzuhören. Lassen Sie keinen Schlagabtausch zu, sondern versuchen Sie, das, was Ihnen der Patient sagt, nicht zu bewerten oder zu entkräften, sondern als Teil seiner individuellen Wahrnehmung „stehen zu lassen". Bleiben Sie ruhig und verbindlich, bieten Sie **alternative Lösungen** an. Fokussieren Sie Ihr Gespräch auf Dinge, die möglich sind, und betonen Sie nicht wiederholt die Dinge, auf die der Patient beharrt. Versuchen Sie dennoch nicht in Rechtfertigungen oder Begründungen abzudriften (*„Andere Patienten sind noch kränker."*), die eigentlich nicht für den Patienten bestimmt sind. Akzeptieren Sie, wenn der Patient Lösungsvorschläge nicht annimmt – stellen Sie ihm frei, sich an Ihren Oberarzt, Chefarzt oder Praxisbetreiber zu wenden oder bieten Sie an, ihn zu informieren. Eine gute Strategie ist, **so konkret wie möglich** zu werden: *„Was kann ich Ihnen aktuell / in diesem Augenblick anbieten? Was kann ich jetzt für Sie tun?"* oder durch die direkte, ehrlich gemeinte Frage *„Was erwarten Sie (jetzt) von mir?"*
6. Nach allen wichtigen Gesprächen ist die **Dokumentationspflicht** zu beachten.
   Gespräche, die nicht dokumentiert sind, haben praktisch nicht stattgefunden. Machen Sie eine kurze Notiz: Einige Stichworte zum Inhalt reichen. Wenn der Patient bestimmte Informationen nicht erhalten möchte, wichtige Fragen zur Anamnese nicht beantwortet oder medizinisch notwenige Prozeduren ablehnt, dokumentieren Sie dies ebenso, auch wenn der Patient nicht ein Dokument „gegen ärztlichen Rat" unterschreibt. Bei weitreichenden Ent-

scheidungen der **Ablehnung einer Behandlung** oder dem Verlassen der Klinik gegen ärztlichen Rat wäre es ratsam, als **Zeugen** jemanden vom Pflegepersonal oder einen ärztlichen Kollegen dazu zu bitten.

! Gespräche, die nicht dokumentiert sind, haben praktisch nicht stattgefunden.

Ein grandioses Buch über die Kommunikation in der Medizin und einen gelungenen Umgang mit Patienten ist Bernard Lowns „Die verlorene Kunst des Heilens“. Der berühmte Kardiologe erklärt darin mitreißend, warum es sich lohnt zuzuhören und die Macht der Beziehung zu unseren Patienten heilsam zu nutzen. Die Lektüre ist ein Gewinn – obgleich Sie gar nicht sofort alles umsetzen können und müssen.

6.2.2 Chefarzt, Oberärzte und Praxisbetreiber

Mit Ihrem Chef, der i. d. R. auch der von der Ärztekammer befugte Weiterbildungsleiter ist, sollten Sie nach Möglichkeit gut im Kontakt bleiben.

Nun gibt es völlig verschiedene Modelle der Zusammenarbeit mit dem eigenen Chef: vom fast freundschaftlichen Verhältnis zum Praxisbetreiber bis zum distanzierten Verhältnis in einer großen Universitätsklinik.

Innerhalb Ihrer Abteilung hat Ihr Chef, möglicherweise vertreten durch die Oberärzte der gleichen Abteilung bzw. hat Ihr Praxisbetreiber, Ihnen gegenüber Weisungsbefugnis. Teilweise gibt es in großen Kliniken noch den Status Stationsarzt, der die fachärztliche Betreuung einer Station / Organisationseinheit darstellt und in der Hierarchie über den normalen Ärzten in Weiterbildung steht und damit auch weisungsbefugt ist. Das heißt, es können Ihnen medizinische Maßnahmen angewiesen werden, die Sie durchführen müssen, ganz gleich, ob Sie persönlich dahinter stehen. Der Hintergrund zu diesem arbeitsrechtlichen Gesetz ist, dass der jeweils höher stehende Mitarbeiter auch die Verantwortung für Entscheidungen hat (also dafür geradesteht) und dementsprechend natürlich auch ein **Weisungsrecht** gegenüber seinen Mitarbeiter haben muss, um die medizinischen Entscheidungen nach seinen Vorstellungen gestalten zu können. Bei einer Fehlentscheidung haftet er dafür auch berufsrechtlich. Aber Achtung: Kein Weisungsrecht Ihnen gegenüber haben z. B. Oberärzte aus anderen Abteilungen des gleichen Krankenhauses, auch nicht die mit einer ähnlichen Ausrichtung (z. B. verschiedene internistische Subdisziplinen). Eine Ausnahme davon wiederum besteht, wenn es einen gemeinsamen Hintergrunddienst mehrerer Kliniken gibt, der explizit für Sie zuständig ist oder wenn Sie einen Patienten aus einer anderen Abteilung übernehmen und sich Weisungen auf die medizinische Nachsorge der bisherigen Behandlung beziehen (z. B. frisch operierter Patient, bei dem der Operateur bestimmte Verordnungen angesetzt hat). Hier ist der den Patienten übergebende Arzt noch im Weisungsrecht.

Nun steht das beschriebene Weisungsrecht, das für den stationären Bereich so in den Musterverträgen der Deutschen Krankenhausgesellschaft (DKG e.V.) verankert ist, der berufsrechtlich und verfassungsrechtlich bestehenden **Therapiefreiheit** entgegen. Dies ist jedoch in der Rechtsprechung eine zu akzeptierende Einschränkung, da allein schon die Finanzierung durch die Krankenkassen und die Pflicht, sich an medizinische Standards zu halten, Limitierungen dieser Freiheit sind.

Jedoch muss sich die Ausübung des Weisungsrechts in den Grenzen der Billigkeit bewegen, wie die Juristen sagen (Bürgerliches Gesetzbuch). So sollten Sie hellhörig werden, wenn Sie Weisungen erhalten, die eindeutig gegen ärztliche Standards und gegen Ihre ethisch-moralische Vorstellung der Berufsausübung verstoßen. Solche als *„unbillig zu qualifizierenden Weisungen"* sind dann zurückzuweisen und nicht zu befolgen.

Sollte es wiederholt zu solchen Momenten kommen, hilft am besten ein klärendes Gespräch mit dem oder den leitenden Abteilungsärzten, um eine Lösung zu finden. Grundsätzlich sind jedenfalls der ärztliche Leiter oder die ihm nachgeordneten Ärzte die Träger der Gesamtverantwortung für die medizinische Patientenbehandlung und dürfen damit auch entscheiden, wie diese umgesetzt wird.

Größtenteils werden Ihre Vorgesetzten Sie in stiller Übereinkunft zur eigenmächtigen Durchführung der anfallenden Tätigkeit einsetzen, da sie Sie für gut genug ausgebildet und persönlich qualifiziert dafür halten.

Wichtig ist es, mit den Vorgesetzten in Kontakt zu bleiben und anzusprechen, wenn Sie bei bestimmten medizinischen Abläufen Unsicherheiten haben, Probleme sehen oder wenn Sie zu Tätigkeiten eingeteilt werden, zu denen Sie sich fachlich nicht eigenständig in der Lage sehen oder die Sie in der Menge überfordern. Wenn Sie eine Behandlung eigenständig fortsetzen, obwohl Sie nicht gut genug dafür ausgebildet sind oder z. B. eine bestimmte Diagnostik nicht gut genug beherrschen, aber einen erfahreneren Arzt hätten hinzuziehen können, liegt ein s. g. **Übernahmeverschulden** vor (das in die Gruppe der Behandlungsfehler gehört).

Wenn Sie sich im klinischen Alltag über einen Patienten mit Ihrem zuständigen Oberarzt oder im Dienst mit dem Hintergrund absprechen möchten, versuchen Sie, sich möglichst bereits vor der Rücksprache einen **konkreten Plan** zurechtzulegen, den Sie dann vorschlagen können bzw. zur Debatte stellen. So bleibt die Antwort konkret zustimmend bzw. eine Alternative aufzeigend, und Ihr Lerneffekt fällt höher aus.

6.2.3 Ärzte in Weiterbildung

Die anderen Ärzte in Weiterbildung Ihrer Abteilung stellen Ihre direkte Peer-Group dar, und der Idealfall ist selbstverständlich, wenn Sie kollegial und respektvoll, *noch* besser hilfsbereit, miteinander umgehen.

Häufige Konfliktpunkte sind sicher die **Dienstplangestaltung, Rotationen** und der **Urlaubsplan** sowie die **gerechte Aufteilung der Arbeit** (die von vielen in interessante Tätigkeiten wie z. B. diagnostische Funktionen und OPs sowie eher unattraktivere Aufgaben wie Stationsarbeit und Briefeschreiben aufgeteilt wird).

Schauen Sie, ob es Ihnen leichter fällt, eher zurückhaltend zu bleiben, sich in die bestehenden Strukturen einzugliedern, oder ob Sie ein wenig mehr Verantwortung mögen und vielleicht bald die Dienstplanung übernehmen oder sich zum Assistentensprecher wählen lassen.

Mit den anderen Ärzten in Weiterbildung teilen Sie wichtige Gemeinsamkeiten: Sie sind in der Hierarchie sehr weit unten und stehen gemeinsam unter dem Druck, Weiterbildungsinhalte erlangen zu müssen. Zudem haben Sie im Vergleich zu anderen Ärzten die geringste Berufserfahrung, dafür aber meistens den intensivsten Kontakt zu den Patienten. In diesem Spannungsfeld ist ein Zusammenhalt unter den Ärzten in Weiterbildung sehr wichtig. Es ist im Arbeitsalltag ein großer Unterschied, ob die Kollegen als Unterstützung wahrgenommen werden oder aus Gründen eines falschen Konkurrenzdenkens hier zusätzliche Hürden entstehen.

! Es ist sehr wichtig unter Ärzten **zusammenzuhalten**. Es hat sich in Krankenhäusern immer wieder gezeigt, dass Ärzte ausgenutzt und ausgebeutet werden können, wenn sie nicht zusammenhalten, keinen gemeinsamen Standpunkt erarbeiten und nicht als Team handeln. Sowohl im Mikrokosmos Station als auch auf Makroebene der Berufspolitik und der Arbeitsbedingungen können Ärzte, die sich zueinander loyal und hilfsbereit verhalten, ihre Interessen deutlich besser durchsetzen und zusammen bessere Arbeit leisten!

6.2.4 Pflegepersonal

Zunächst ist zur rechtlichen Situation festzuhalten, dass das Pflegepersonal im Krankenhaus eine **parallele Hierarchie** zum ärztlichen System hat, die von der Hilfsschwester über die Schwester, zur Stationsschwester, zur Pflegedienstleitung und schließlich bis hin zur Pflegedienstdirektion reicht. Auch hier besteht von oben nach unten Weisungsbefugnis. Das Pflegepersonal hat einen eigenen Arbeitsbereich, u. a. die pflegerische Versorgung von Patienten, die Mobilisierung und Sturzprophylaxe sowie die Übernahme deligierbarer Aufgaben, die sich auf die medizinische Versorgung beziehen. Der Ausbildungsberuf „Krankenschwester bzw. Pflegekraft" hat sich in den vergangenen 10 Jahren immer weiter spezialisiert und akademisiert, sodass vielfältige Fachspezialisierungen und eine allgemeine Aufwertung des Berufsstandes stattgefunden haben. Sie als Arzt haben, sofern Sie Aufgaben an das Pflegepersonal delegieren, die s. g. **Anordnungsverantwortung**, die betreffende Pflegekraft die **Durchführungsverantwortung**, wenn die Tätigkeit von ihr durchführbar ist (z. B. eine Blutabnahme). Je nach Fachrichtung und Abteilung ist die Zusammenarbeit von Ärzten und Pflegepersonal, den beiden Berufsgruppen, die vornehmlich zusammen am Patienten arbeiten, entweder eine **Teamarbeit** oder ein **Neben-**

einander (Psychiatrie vs. Chirurgie), wobei sich eher Teams auf Stationen bilden, auf denen die Ärzte häufig verfügbar sind und nicht „den ganzen Tag" im OP stehen.

Am ehesten wegen der verschiedenen Ausbildungswege und unterschiedlichen Vorerfahrungen sowie Prägungen, kommt es leider auch immer wieder zu **Konflikten** zwischen Ärzten und dem Pflegepersonal, von denen auch ärztliche Berufsanfänger betroffen sind. Ausgesprochen häufig ist aber eine angenehme und unterstützende Zusammenarbeit möglich. Diese wollen Sie natürlich fördern, damit Ihnen die tägliche Arbeit so gut wie möglich gelingt. Dazu ist Folgendes zu bedenken:

- Das „**Du**" ist meistens zwischen Pflegepersonal und den jüngeren Ärzten üblich, dagegen ist nichts einzuwenden. Warten Sie ab, was die (eingespielte) Pflege Ihnen anbietet. Sonst bleiben Sie erst einmal beim „**Sie**".
- Das Pflegepersonal arbeitet oft intensiver und enger mit den Patienten zusammen, die Mitarbeiter haben meist eine lange Berufserfahrung und sind in ihr Team gut integriert. Trotzdem delegieren die behandelnden Ärzte, die nach sechs Monaten schon häufig die Station wieder wechseln, ihnen Aufgaben. Das kann für Frustrationen hinsichtlich der Wahrnehmung der eigenen **Qualifikation und Kompetenzen** beim Pflegepersonal sorgen. Versuchen Sie, den neuen Kollegen wertschätzend gegenüber zu treten, und respektieren Sie die wertvolle Arbeit und Erfahrung der Krankenschwestern und Pfleger. Machen Sie dennoch deutlich, dass Sie für die medizinischen Entscheidungen zuständig sind, und seien Sie sich auch Ihrer mühevoll erworbenen Qualifikation bewusst.
- Auf eine implizite Weise machen erfahrene Schwestern **Vorschläge** gegenüber jungen Ärzten, was an Diagnostik und Therapie ihrer Erfahrung nach angebracht ist. Nehmen Sie dies in Ihre Erwägungen auf, es kann Ihnen dienlich sein – auch wenn Sie sich anders entscheiden. Seien Sie dankbar dafür, aber fällen Sie die medizinische Entscheidung letztlich selbst, oder lassen Sie sie von Ihrem Oberarzt / Hintergrund absegnen. „Enttarnen" Sie diesen impliziten Austausch mit der Pflege nicht – das Benennen dieses Vorganges würde ihn für alle Beteiligten unmöglich machen. Diese Taktik kann jedoch auch missbraucht werden, um Sie aufs Glatteis zu führen, Ihre Entscheidungen bewusst in eine bestimmte Richtung zu lenken und Sie zu prüfen – hüten Sie sich vor vorschnellen Entscheidungen.
- Eine häufige Frage im Krankenhaus ist, wo die **ärztlichen** Aufgaben enden und die **pflegerischen** anfangen und umgekehrt. Vielleicht werden Sie erleben, dass das Pflegepersonal das „Befunde abheften" nicht mehr als pflegerische Tätigkeit betrachtet, und sich die Befunde ab jetzt bei Ihnen türmen. So etwas sind hochbrisante Vorgänge und meistens nur mithilfe der leitenden Ärzte und der Pflegedienstleitung zu regeln. Wo keine gütliche Einigung auf Station möglich ist, sollten Sie dennoch mit aller Deutlichkeit Ihrem Chef die Schwierigkeit solch einer Situation deutlich machen und ihn um eine Klärung bitten.

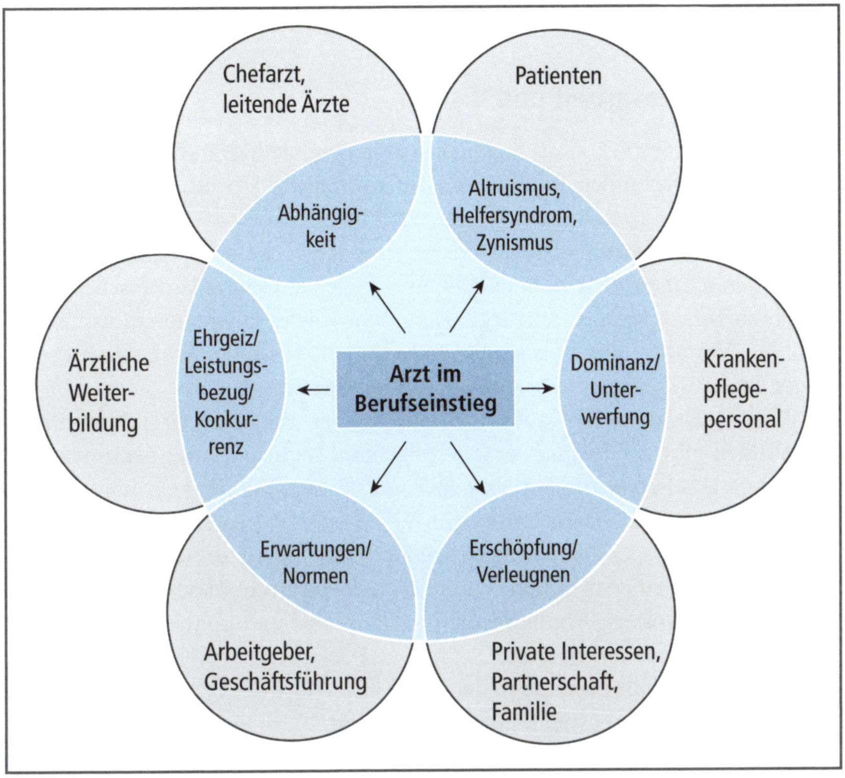

Abb. 6-1 Die sechs Kräfte, die auf Ärzte im Berufseinstieg wirken, und die reguliert werden wollen. In den blauen Kontaktflächen sind typische, zugehörige Kommunikations- und Verhaltensfallen vermerkt.

Mit allen anderen Berufsgruppen, wie Sozialarbeitern, Ergotherapeuten, Physiotherapeuten, besteht oft nicht so ein deutliches „Abgrenzungsproblem", da sie ein spezifisches Einsatzgebiet haben, das von den Ärzten „verordnet" und vom jeweiligen Spezialisten in eigener fachlicher und organisatorischer Verantwortung versorgt wird.

Die unterschiedlichen Aktionsbereiche, in denen ein Arzt zwischenmenschlich agiert und in denen es auch zu Spannungen kommen kann, zeigt ▶ Abbildung 6-1.

6.3 Organisation und Zeitmanagement

6.3.1 Stationsarbeit und Visiten

Die Arbeit auf Station kann angenehm ablaufen, sie kann allerdings auch zu einem Fass ohne Boden werden und Sie so manche Überstunde kosten. Zunächst sollte man in den ersten Wochen beobachten, ob auf der eigenen, neuen Station bereits **Abläufe** etabliert sind, die sinnvoll erscheinen. Wenn ja, lohnt es, sich an deren Einhaltung zu beteiligen und vielleicht weitere Verbesserungen zu etablieren. Situationen, deren Organisation Sie sowieso nicht beeinflussen können, wie Notfälle oder ungeplante Aufnahmen, passieren schließlich genug. Folgendes kann hilfreich sein, um auf Station durchzustarten:

- Wenn es Unklarheiten aufgrund mangelnder Vorgaben bzgl. bestimmter Routinen gibt, sollten Sie bei Ihrer eigenen **Strukturierung** beginnen bzw. Abläufe etablieren, die Sie ab sofort vollständig beeinflussen können (wie z. B. Ihre eigenen festen Zeiten für Visite oder Patienten-/Angehörigengespräche festzulegen). Bei Gelegenheit ist es günstig, diese auch kurz mit dem Vorgesetzten zu besprechen. Durch feste Strukturen wissen Patienten und Krankenschwestern, wann Sie ansprechbar sind und können Anfragen auf diesen Zeitraum verschieben.
- Versuchen Sie, alles was Sie in der Visite ansetzen oder verordnen, so schnell wie möglich – am besten **sofort umzusetzen**. Nichts ist schlimmer, als eine endlos lange To-do-Liste, bei der man nicht weiß, an welchem Ende man anfangen soll. Also Medikamente, Diagnostik, Blutentnahmen, Mobilisierung etc. sollten sofort in der Kurve angeordnet werden. Möglichst sehen Sie sich vor dem Zimmer noch die Vitalparameter und neuen Befunde an, blicken über die Medikamente und dokumentieren nach dem Patientengespräch ein paar Worte. Andernfalls müssten Sie sich nach der gesamten Visite zum zweiten Mal durch alle Patientenkurven wühlen. Alles, was es zu besprechen gibt, sollte möglichst auch bereits in der Visite erledigt werden!
- Jeder tut es – jeder bereut es. Versuchen Sie, keine **Arztbriefe** zu „sammeln". Die ersten Entlassungen häufen sich schnell, und wenn Sie mit dem Schreiben oder Diktieren der Entlassungsbriefe hinterherhängen, wird es mit zunehmendem Stapel immer schwieriger, sich bei der vielen Stationsarbeit dazu zu motivieren. Versuchen Sie, sich an ein bis zwei Nachmittagen pro Woche dafür Platz im Ablaufplan einzuräumen. Es geht auch viel schneller und mit weniger Mühe, wenn Sie den Patienten noch vor Augen haben und nicht alles aus der Akte rekonstruieren müssen. Übrigens: Ein Schild mit „Bitte nicht stören" am Arztzimmer kann Wunder bewirken.
- Lernen Sie zu **delegieren**, was keine originär ärztlichen Tätigkeiten sind. Hier muss sicher noch mehr Vernunft in die Stationsteams Einzug halten, denn es ist politisch und global absolut erwünscht und notwendig, dass Ärzte vermehrt von nicht-ärztlichem Personal unterstützt werden. Im Konkreten spielen immer noch Überzeugungen eine Rolle, man müsse als junger

Arzt erst einmal unter Beweis stellen, dass man auch zu einfachen Arbeiten fähig und sich für nichts zu schade ist. Versuchen Sie, sich auf diese „Tests" Ihrer Integrität nicht einzulassen. Im Gegenteil: Nur weil etwas bis heute so war, heißt das nicht, dass dies richtig und sinnvoll ist. Bitten Sie die Stationssekretärin (wenn vorhanden) oder das Pflegepersonal freundlich und direkt um die jeweilige Tätigkeit. Wenn es sich um patientenbezogene Aufgaben handelt, ist das schriftliche Ansetzen einer Maßnahme oft für das Pflegepersonal eine deutlichere Aussage als die mündliche Bitte. Das soll keineswegs heißen, dass man sich nicht auch interdisziplinär (ärztlich und pflegerisch) bedarfsgerecht helfen und anderen Berufsgruppen nicht mit Demut und Respekt gegenübertreten sollte. Nur eine aus einer antiquierten Überzeugung erwartete Unterordnung junger Ärzte („zu dienen") ist heute nicht mehr der Stellensituation sowie der praxisbezogenen Ausbildung der Mediziner in Deutschland angemessen.

- Rechnen Sie aus, wann Ihr offizieller Feierabend ist, und setzen Sie ab dann noch deutlicher Grenzen. Erledigen Sie nur noch **Notfälle** oder das Dringendste, konzentrieren Sie sich auf die Dinge, wegen derer Sie ggf. Überstunden machen. Verabreden Sie bei großen Familien mit vielen Angehörigen einen Ansprechpartner, dem Sie fortlaufend Auskunft geben, damit Sie nicht alles dreimal erzählen müssen. Wenn Sie Ihr Arbeitspensum nicht in der Arbeitszeit schaffen, sprechen Sie mit Ihren Vorgesetzten und suchen Sie gemeinsam nach Lösungsmöglichkeiten. Die Zeiten, in denen Ärzte sich für ihre Arbeit aufgeben mussten, um ein guter Arzt zu sein, sind vorbei!

CAVE

Wie oben erwähnt, herrscht teilweise noch die Überzeugung, Ärzte müssten beim Berufseinstieg erst einmal zeigen, dass sie auch einfache Tätigkeiten, wie Akten sortieren oder andere Fleißaufgaben, beherrschen. Diese Vorstellungen stammen jedoch aus einer Zeit von vor über 10 Jahren, als Ärzte tatsächlich weniger als die Sekretärin und die Krankenschwester verdient haben („Arzt im Praktikum" für 18 Monate nach Erhalt der vorübergehenden Approbation). Heute, bei weitgehend vernünftiger Bezahlung junger Ärzte, ist diese Ansicht nicht mehr nur eine soziale, sondern auch eine wirtschaftliche Katastrophe. Die moderne Tendenz geht ganz klar in die Richtung der Unterstützung der Ärzte bei administrativen und anderen s. g. nicht-ärztlichen Tätigkeiten.

6.3.2 Sprechstundentätigkeit

Wenn Sie ambulant arbeiten, z. B. in einer Arztpraxis oder einer Spezialambulanz Ihrer Klinik, müssen Sie oft Entscheidungen getroffen haben, bevor der Patient Sie wieder verlässt. Dies ist für Berufseinsteiger eine besondere Herausforderung. Bewährt hat sich Folgendes:

- Wenn möglich, planen Sie Ihre Termine so, dass Sie **direkt im Anschluss dokumentieren** bzw. alles Nötige in die Wege leiten (und den Fall für diesen Tag abschließen) können. Andernfalls wird es Ihnen immer schwerer fallen, sich auf die kommenden Patienten einzulassen, da es zunehmend unüberschaubarer wird, was nach der Sprechstunde noch alles an Arbeit auf Sie zukommt.
- Nehmen Sie sich die Zeit für einen Blick in die **Akte** des Patienten, bevor Sie ihn hereinbitten. Das lohnt sich, da Sie nicht bei der Dokumentation hinterher feststellen müssen, was Sie gerade zu besprechen oder anzusetzen verpasst haben.
- Sind Sie sich in einem Gespräch unsicher bzgl. des weiteren Vorgehens, bestellen Sie den Patienten zeitnaher wieder ein als geplant und klären bis dahin mit Ihrem Weiterbilder das Procedere. Bei akuten Situationen und dringenden Fragen bitten Sie den Patienten nochmals, im **Wartezimmer** Platz zu nehmen, und kontaktieren Sie Ihren Ansprechpartner direkt und bitten dann den Patienten wieder herein.
- Teilen Sie am Anfang des Gespräches mit, wie viel **Zeit** Ihnen für den Kontakt zur Verfügung steht. So versetzen Sie den Patienten in die Lage, alles was ihm wichtig ist, in diesem Zeitraum ansprechen zu können bzw. für sich eine Hierarchie der wichtigsten Punkte abzuarbeiten. Sie können dann mitteilen *„Jetzt ist unsere Zeit leider um“* und rufen damit kein großes Unverständnis und keine Überraschung hervor.
- Bringt Ihr Patient **überraschend Angehörige, Betreuer, Begleiter von Ämtern** oder anderen Personen mit in die Sprechstunde, überlegen Sie kurz, ob Sie dieses Gespräch in dieser Konstellation führen möchten. Können Sie den Patienten vor dieser (fremden) Person alles Wichtige fragen? Stellen Sie sich der Begleitung vor, und bitten Sie sie, ihren Namen und ihre Funktion mitzuteilen. Sollten Sie lieber (erst einmal) mit dem Patienten alleine sprechen wollen (was in vielen Fällen sicher günstig ist), sagen Sie z. B. *„Es ist gut, dass Sie mitgekommen sind“* zum Begleiter, wenden sich aber dann dem Patienten zu und sagen: *„Zunächst würde ich gerne einmal mit Ihnen alleine sprechen.“*

6.3.3 Bereitschaftsdienste und Schichtarbeit

Im stationären Bereich werden höchstwahrscheinlich Bereitschaftsdienst- oder Schichtdienstmodelle auf Sie zukommen. Auch in einigen Praxen können oder müssen Ärzte in Weiterbildung am Notdienst teilnehmen. Zu beachten ist:

- Bitten Sie ggf. darum, rechtzeitig Informationen über die Dienste zu erhalten, da dies sonst sehr störend bei der Planung privater und familiärer Aktivitäten sein kann. (Es gibt jedoch keine strikte Gesetzgebung, auf die sich alle berufen können.)
- Achten Sie am Beginn Ihrer Tätigkeit darauf, mit wem Sie Dienste gemeinsam haben, und wer im Hintergrund zuständig ist. Wie schnell könnte der Oberarzt im Bedarfsfall in der Klinik sein? Wie erreichen Sie Kollegen ande-

rer Fachrichtungen und sind diese bereit, im Notfall zu helfen? Dies lässt sich meistens besser auf Leitungsebene klären, da es oft klare Absprachen zwischen den Klinikabteilungen gibt, die Sie kennen sollten, wenn Sie Ihren Dienst antreten. Wenn mehrere Ärzte im Vordergrund arbeiten, bitten Sie den Dienstplaner, wenn Ihnen dies lieber sein sollte, um einen erfahrenen Kollegen an Ihrer Seite.

- Es lohnt sich, sich Zeit dafür zu nehmen, die eigenen Wünsche gut zu durchdenken. Aus dem Nachteil von Schichtarbeit können Sie einen Vorteil ziehen, wenn Sie sich die Einsätze günstig legen, sodass ausreichende Ruhephasen vorhanden sind und wenig „schnelle Wechsel" (an einem Tag Spätdienst, am nächsten Tag Frühdienst) vorkommen.
- Lehnen Sie es ab, in ein als frei deklariertes Wochenende oder den Urlaub mit einem Spät- oder Nachtdienst zu gehen, oder machen Sie transparent, dass dies dann kein freies Wochenende / kein Urlaubstag ist.
- Nach einem Nacht- oder Bereitschaftsdienst ist man träge, könnte aber so den ganzen Tag weiter vor sich hin arbeiten, denn es macht ebenso viel Mühe, den oder die zuständigen Kollegen für eine Übergabe der offenen Aufgaben aus der Nacht zu bewegen. Tun Sie es dennoch, den Tag haben Sie sich zur Erholung verdient. Seien Sie ebenso kollegial: Wenn Sie den Kollegen vom Nachtdienst morgens ablösen, holen Sie sich aktiv die Übergabe von ihm ab.

Auf einen Blick

1. Lassen Sie sich selbst eine gewisse Einarbeitungs- und Eingewöhnungszeit, vernetzen Sie sich mit den Kollegen und übrigen Strukturen, und schaffen Sie sich – so gut es eben geht – eine angenehme Arbeitsatmosphäre.
2. Nutzen Sie die online erhältlichen bzw. mobilen Möglichkeiten, wenn es um Medikamente, Fachzeitschriften etc. geht, um „up to date" zu bleiben.
3. Die Arzt-Patient-Beziehung ist etwas sehr Fragiles und stellt eine Herausforderung an Sie als Arzt – ein wichtiger Aspekt, den Sie dabei niemals außer Acht lassen sollten, ist die Dokumentation der Arzt-Patient-/Angehörigen-Gespräche.
4. Die Zusammenarbeit mit Ihren Vorgesetzten, den Kollegen und dem Pflegepersonal sollte möglichst im Gleichgewicht zwischen Teamgeist und der Wahrnehmung eigener Wünsche und Ansprüche stattfinden.
5. Stationsarbeit, Sprechstunden, Dienste – all das bedarf einer gewissen inneren Organisation und Einspielungszeit, denn auch hier gilt: Eine Anpassung an die Strukturen ohne Selbstaufopferung ist ein guter Ansatz, der sich meistens erst finden muss.

Quellen

Bürgerliches Gesetzbuch (www.gesetze-im-internet.de/bgb/)

Hibbeler B. Ärzte und Pflegekräfte: Ein chronischer Konflikt. Dtsch Arztebl 2011; 108(41): A-2138 / B-1814 / C-1794. (www.aerzteblatt.de/archiv/109162/Aerzte-und-Pflegekraefte-Ein-chronischer-Konflikt)

Lown B. Die verlorene Kunst des Heilens. Anstiftung zum Umdenken. Stuttgart, New York: Schattauer 2004.

Marcus H. Medizinrecht in Frage und Antwort: Weisungsbefugnis. Via Medici 2007. (www.thieme.de/viamedici/arzt-im-beruf-ärztliches-handeln-1561/)

Scholl-Eickmann T. Inwieweit ist der Oberarzt an medizinische Weisungen des Chefarztes gebunden? Chefärzte Brief 2011; 10: 8.

Zu Punkt V der Tagesordnung des 113. Deutschen Ärztetages: Tätigkeitsbericht der Bundesärztekammer – Begriff „Arzt in Weiterbildung“ (www.bundesaerztekammer.de/page.asp?his=0.2.23.8260.8265.8458.8463)

7 Privatleben

7.1 Partnerschaft und Familie

7.1.1 Beziehung und Arztberuf

Vielleicht haben Sie auch schon von Beziehungen gehört, die zerbrochen sind, als einer der Partner auf seiner „Intensiv-Rotation" war oder auf der Privatstation eingesetzt wurde. Wie kommt es, dass Partnerschaften durch den Arztberuf gefährdet sein können?

Wie es oft in der Medizin und im Leben ist, werden auch hier viele Faktoren zusammenwirken, die es neben der klinischen Tätigkeit manchmal schwer machen mit der Liebe – und die eine besondere Kunst der Integration von beruflichen und privaten Interessen verlangen.

Ärzte brennen für ihren Beruf, stehen häufig vor großen Anforderungen und erleben bei der Arbeit eine Mischung verschiedenster **Gefühle**. Diese können vom Mitgefühl für Patienten und Trauer über ein stärkendes Team- und Zusammengehörigkeitsgefühl mit den Kollegen bis hin zu Wut und Enttäuschung reichen, sofern die Dinge nicht wie erhofft verlaufen. Dabei begleitet junge Ärzte eine große **Verantwortung** im Alltag, die nicht an der Klinik- oder Praxistüre abgegeben werden kann wie der weiße Kittel.

So kann es schwer werden, wenn in privaten Beziehungen auch Konflikte und emotionale belastende Situationen entstehen, die nun einmal auch hier dazugehören. Innerlich kann das Gefühl aufkommen, nicht alles schaffen zu können und sich von einem „Stressor" lösen zu müssen, um den hohen Ansprüchen an die Arztrolle weiter gerecht zu werden. Impulse, die helfen können, einen Ausgleich zwischen beiden Lebensbereichen zu fördern oder sogar Synergien zu nutzen, sind:

1. Legen Sie das erzwungene „*Alles von der Arbeit bleibt bei der Arbeit*" ab. Es bringt nichts und vergrößert den Graben zwischen Ihrem Partner und Ihnen. **Teilen** Sie doch, wie es Ihnen geht und was Sie z. B. Bewegendes erlebt haben. Nur so kann das gegenseitige Verständnis für die „Launen" des Anderen aufrechterhalten werden.
2. Versuchen Sie, mit Ihrem Partner gezielt gemeinsame **Freiräume** einzuplanen, und geben Sie entsprechend in der Klinik Ihre Dienstwünsche an. Vor allem, wenn beide in Schicht- oder Bereitschaftsdiensten arbeiten, kann ein gemeinsames Leben sonst praktisch unmöglich sein. Bestehen Sie gegenüber Ihrem Arbeitgeber darauf, rechtzeitig Urlaub planen zu dürfen, damit Sie nicht irgendwann plötzlich Urlaub abbauen müssen, wenn es dem Dienstplaner oder Chef passt, und Sie praktisch keine **Planungssicherheit** haben. Es ist Ihr gutes Recht – auch wenn Sie gerade neu eingestellt sind – bereits Urlaubsphasen einzuplanen.

3. Manchmal kann es hilfreich sein, wenn Sie sich nach der Arbeit erst einmal **Zeit für sich** nehmen und nicht gleich in die nächste (wenn auch private) Verabredung stolpern. Die Menschen um Sie herum können vielleicht gar nicht nachvollziehen, wie es Ihnen nach einem Dienst geht und was Sie in den vergangenen 24 Stunden alles für Erlebnisse hatten und durchgestanden haben. Bitten Sie um Verständnis, und versuchen Sie nicht, in das Fahrwasser zu geraten, es – nachdem nun alle Patienten mit Ihnen zufrieden sind – auch noch Ihrem Partner und Ihren Freunden recht machen zu wollen.

7.1.2 Familie und Arztberuf

Insbesondere die Kombination aus Arbeit im Krankenhaus und Familienleben ist immer noch sehr schwierig zu gestalten, obwohl die Kliniken mehr unter Druck geraten, Lösungsmodelle wie Teilzeit, Gleitzeit und Kinderbetreuung anbieten zu müssen, um nicht in Personalnot zu geraten. Der Hintergrund ist, dass in wenigen Jahren schon etwa 70 % der Uniabsolventen des Medizinstudiums weiblich sein werden, von denen dann viele im Anschluss ihre Facharztweiterbildung anstreben. Diese ist meistens im Alter zwischen 25 und 35 Jahren in der „heißen Phase" – genau dann, wenn auch die Familienplanung und das Kinderkriegen zu einem Thema werden. Vor allem den Frauen fiel lange die Entscheidung schwer, sich entweder erst auf die anstrengende Klinikarbeit zu fokussieren und vielleicht dann später gar keine Kinder mehr zu bekommen oder sich für die Familie und Kinder zu entscheiden, dann aber große Probleme beim Berufseinstieg oder Wiedereinstieg und der Facharztweiterbildung zu haben. Es gibt nämlich immer noch zu wenige Krankenhäuser, die sich auf die **Bedürfnisse junger Eltern oder schwangerer Frauen** angepasst haben. Hierin liegt aber die Zukunft, da viele Krankenhäuser außerhalb der Ballungsräume bekanntermaßen über Ärztemangel klagen.

Wenn Sie Familie und Kinder haben oder selbige planen, schauen Sie genau, was der potenzielle Arbeitgeber Ihnen bieten kann und wie flexibel er sich bei der Diskussion über **Arbeitszeitmodelle** zeigt. Statistisch gesehen sollen die großen Häuser eher etwas geeigneter für Eltern von Kindern sein, da Halbtagstätigkeit, Erkrankung der Kinder etc. besser von Kollegen kompensiert werden können als in sehr kleinen Abteilungen. Die verschiedenen Siegel, wie „familiengeeigneter Arbeitgeber" etc. sind, was den ärztlichen Bereich angeht, kritisch zu hinterfragen. Genau hinschauen und mit dem leitenden Arzt der Wunschabteilung über Themen wie Teilzeitarbeit ins Gespräch kommen, sagt meist mehr als tausend Siegel.

Einigen Krankenhäusern sind **Betriebskindergärten** angeschlossen, was sich besonders eignet für alleinerziehende Ärzte oder Familien, in denen beide Partner im Schichtdienst tätig sind. Es gibt sogar wegen der Spät- und Nachtdienste Kindertagesstätten mit 24-Stunden-Betreuung, sodass für junge Mütter und Väter überhaupt eine Tätigkeit mit Dienstzeiten möglich ist.

Für die Krankenhäuser ist es eine reine Organisationsfrage, von den klassischen Schichtmodellen zur modernen, flexibleren Organisation zu gelangen, doch der Wandel muss sich zunächst in den Köpfen vollziehen. Hier gibt es bei der nach wie vor männlich dominierten Chefarzt-Besetzung immer noch häufig das Denken, dass man für eine ärztliche Karriere Familie und Kinder zurückstellen müsse.

Die Realität spricht jedoch eine andere Sprache: So erleben gerade junge Eltern häufig eine gegenseitige Bereicherung durch den Arztberuf und das Familienleben. Moderne Chefärzte haben längst bemerkt, dass Mitarbeiter mit Kindern und Familie häufig strukturierter und zuverlässiger arbeiten, da sie weitere Verpflichtungen haben und auf das Ziel hinarbeiten, die Kinder pünktlich aus dem Kindergarten abzuholen.

Treten Sie **selbstbewusst** auf, wenn Sie sich als junge Mutter oder junger Vater um eine Stelle bewerben. Mögliche Arbeitszeitlösungen und Optionen zur Kinderbetreuung sollten frei angesprochen werden. Wenn Ihr Arbeitgeber bereit ist, ein vernünftiges Konzept anzubieten, kommt Ihre Elternschaft sicher Ihrer ärztlichen Arbeit sowie Ihrem Teamgeist und dem Umgang mit Patienten zugute.

Bedenken Sie bei Interesse für eine reduzierte Stelle, dass dafür viele Aufwendungen, wie die Anreise, die festen Besprechungstermine etc. die gleichen sind, wie für eine Ganztagsstelle, und dieses Modell auch für den Arbeitnehmer ein „Verlustgeschäft“ bedeuten kann. Zudem verlängert sich Ihre Weiterbildungszeit um den entsprechenden reduzierten Teil, wenn Sie unter 38,5 Stunden arbeiten.

In vielen Lebenssituationen und je nach persönlichen Interessen liegen die Vorteile und der Gewinn an Lebensqualität durch eine Teilzeitbeschäftigung natürlich auf der Hand. Deshalb sollte man ebenso darauf achten, sich nicht in den Weiterbildungsrichtlinien oder den sonstigen Erwartungen von außen zu verlieren – Sie dürfen auch das Leben außerhalb der Klinik genießen!

! Falls Sie nach der Geburt Ihres Kindes und dem Mutterschutz oder der Elternzeit nicht mehr Vollzeit arbeiten, denken Sie daran, bei Ihrer zuständigen Landesärztekammer die Ärztliche Weiterbildung in Teilzeit zu beantragen!

Zum Thema „familienfreundlicher Arbeitsplatz für Ärztinnen und Ärzte“ hat die Bundesärztekammer eine Broschüre herausgegeben, die Sie hier finden: www.bundesaerztekammer.de/downloads/Handbuch_Familie_Arbeitsplatz.pdf.

7.1.3 Schwangerschaft

Eine Schwangerschaft als Ärztin im Krankenhaus, insbesondere in der Facharztweiterbildung, führt leider oft zu unbefriedigenden Situationen, weil die Arbeitgeber des Gesundheitssystems auf diesen Fall (noch!) nicht ausreichend vorbereitet sind. Wenn in Deutschland eine Ärztin zur werdenden Mutter wird, treten verschiedene gesetzliche Regelungen in Kraft, um die werdende (und

später stillende Mutter) und das (ungeborene) Kind vor gesundheitlichen Schäden und Überforderung am Arbeitsplatz zu schützen:
- das Mutterschutzgesetz (MuSchG – www.gesetzesweb.de/MuSchG.html),
- die Mutterschutzrichtlinienverordnung (MuSchRiV),
- die Verordnung zum Schutze der Mütter am Arbeitsplatz (MuSchArbV – www.gesetze-im-internet.de/bundesrecht/muscharbv),
- die Arbeitsstättenverordnung (ArbStättV – www.gesetze-im-internet.de/bundesrecht/arbst_ttv_2004),
- die Röntgenverordnung (RöV – www.gesetze-im-internet.de/r_v_1987) und
- die Strahlenschutzverordnung (StrlSchV – www.gesetze-im-internet.de/strlschv_2001).

Insbesondere das **MuSchG** und die **MuSchRiV** geben vor, welche Tätigkeiten für **werdende und stillende Mütter** verboten sind (u. a.):
- Nachtarbeit zwischen 20.00 und 6.00 Uhr
- Mehrarbeit
- Bereitschafts-, Ruf- und Notdienste
- regelmäßiges Heben von mehr 5 kg
- Arbeiten mit erheblichem Strecken, Beugen, dauerndes Hocken oder Bücken
- Kontakt zu giftigen und gesundheitsschädlichen Gefahrenstoffen (fruchtschädigend, erbgutverändernd, kanzerogen)
- direkter Kontakt zu *potenziell* infektiösem Material (wie z. B. Blut)
- Injektionen, Punktionen, Blutentnahmen, Operationen

Für andere medizinische Eingriffe / Tätigkeiten am Patienten sollen flüssigkeitsdichte **Handschuhe, Kittel** und ein **Gesichtsschutz** getragen werden. Es soll der schwangeren Mitarbeiterin ein **Ruheraum** für Pausen zur Verfügung gestellt werden.

Der Arbeitgeber ist nach Bekanntwerden der Schwangerschaft verpflichtet, dem zuständigen Landesamt für Arbeitsschutz und Gesundheitsschutz die Schwangerschaft und die getroffenen Maßnahmen mitzuteilen.

Ist die Einhaltung der gesundheitsschützenden Maßnahmen nicht möglich und kann der Arbeitsplatz nicht entsprechend umgestaltet werden, dürfen werdende oder stillende Mütter zunächst nicht weiterbeschäftigt werden. In diesem Fall bescheinigt der Betriebsarzt ein **Beschäftigungsverbot**, und die Mutter bleibt zu Hause, bezieht ihr Gehalt (das die Krankenkasse dem Arbeitgeber erstattet) jedoch weiter.

Das Problem: Viele Chefärzte sehen sich nicht in der Lage, mit einer Ärztin weiterzuarbeiten, die kaum am Patienten arbeiten darf und keine Dienste machen kann. Also hat die schwangere Ärztin zwei Möglichkeiten: Sie teilt sehr spät mit, dass sie schwanger ist, wird bis dahin aber nicht in besonderer Weise geschützt. Oder sie geht auf Nummer sicher, da sie sich (und das Kind) keiner Gefahr aussetzen möchte und teilt ihre Schwangerschaft frühzeitig mit. In diesem Fall ist es nicht unwahrscheinlich, dass sie ein Beschäftigungsverbot erhält und dann auch keine Weiterbildungszeit für den Facharzt mehr ansammelt (was mit einem Kind dann meistens wieder erst nach einer Weile und vielleicht langsamer möglich ist). Meistens ist es durch Gespräche mit dem Chef, dem Betriebsarzt sowie dem behandelnden Frauenarzt möglich, ein wenig mit zu entscheiden, bis zu welchem Schwangerschaftsmonat man als Ärztin arbeiten kann und möchte.

! Beraten Sie sich im Falle einer Schwangerschaft bei bestehendem Klinikjob mit Ihrem Frauenarzt / Ihrer Frauenärztin. Auch diese(r) kann Ihnen – wenn nötig – ein Beschäftigungsverbot erteilen.

Da oft kreative Ideen fehlen, wird die Schwierigkeit „Schwangerschaft im Krankenhausjob" leider immer noch zu häufig auf die Frauen abgewälzt, die sich zwischen Gefährdung und Weiterbildung entscheiden müssen. Selbst Chefs, die ihren schwangeren Mitarbeiterinnen alles zur Verfügung stellen und sie von den Diensten entbinden, sorgen ungewollt für Konflikte, da dann die Kollegen, die die Arbeit der schwangeren Kollegin kompensieren müssen, sich benachteiligt fühlen.

Seit mehreren Jahren in Diskussion, insbesondere vorangetrieben durch den Deutschen Ärztinnenbund (DÄB), einer Interessensvertretung für Ärztinnen, ist die Lockerung der o. g. Richtlinien zum Schutze von Mutter und Kind. Kritisiert wurde, dass ein generelles OP-Verbot überholt sei, da die Technik heute viel weiter als vor 20 Jahren sei, und dass immer wieder vorschnell ein Beschäftigungsverbot ausgestellt werde. Dies sei dann zum Nachteil der Weiterbildung sowie der Karriere der betroffenen Ärztin. Wer dennoch weiter arbeiten möchte, mache dies oft „heimlich", ohne die Schwangerschaft mitzuteilen, und sei dann, was den Schutz und die Ruhezeiten angeht, komplett auf sich selber angewiesen.

Übrigens haben Sie (sofern kein Beschäftigungsverbot besteht) die Möglichkeit, sechs Wochen vor dem errechneten Geburtstermin in den **„Mutterschutz"** zu gehen, also nicht mehr zu arbeiten (die meisten Schwangeren nehmen dieses Angebot wahr). Der Mutterschutz-Zeitraum dauert bis acht Wochen nach der Geburt an, dieser Teil ist jedoch verpflichtend. Im Anschluss haben Sie z. B. das Recht auf Teilzeitarbeit oder Elternzeit. Sollten Sie noch während der Stillzeit wieder arbeiten gehen, stehen Ihnen auch hierfür bestimmte Vorzüge, wie erweiterte Pausenzeiten und ein Ruheraum zum Abpumpen oder Stillen, zu. Ab dem ersten Tag der Schwangerschaft bis vier Monate nach der Entbindung genießen Sie (nach § 9 Abs. 1 MuSchG) einen besonderen **Kündigungsschutz**. Informieren Sie sich bitte beim Bundesministerium für Familie, Senioren, Frauen und Jugend (www.bmfsfj.de).

! Bitte treffen Sie Ihre **individuelle Entscheidung**, wie Sie sich verhalten, gründlich. Oft sagt der eigene Körper der schwangeren Frau, was er braucht. Bedenken Sie bitte, dass zu viel Stress und Überarbeitung mit Vorwehen und Bauchverhärtungen einhergehen kann. Horchen Sie in sich und Ihren Körper hinein!

7.1.4 Elternzeit und Elterngeld

Nach der Geburt und dem Mutterschutz von acht Wochen haben Sie einen Rechtsanspruch auf Elternzeit, von dem viele Ärztinnen (und Ärzte) Gebrauch machen. Dass die Elternzeit bei Ärzten beliebt ist, hat mit dem Anspruch auf Elterngeld zu tun, das aufgrund der inzwischen guten Ärztegehälter, auch während der Weiterbildung, oft im Höchstsatz von derzeit 1800 € pro Monat liegen kann.

Zunächst ist es zum Verständnis jedoch erst einmal wichtig, dass wir Elternzeit und Elterngeld als zwei völlig verschiedene Ansprüche voneinander trennen.

Was ist Elternzeit?

Elternzeit ist ein Anspruch des Arbeitnehmers gegenüber dem Arbeitgeber. Er besagt, dass das Arbeitsverhältnis in dieser Zeit ruht und danach wieder aufgenommen werden kann. Jeder Elternteil kann ab der Geburt eines Kindes bis zu drei Jahre Elternzeit in Anspruch nehmen. Die Bedingung ist, dass man versichert, mit dem Kind zusammen zu leben und sich um dessen Erziehung zu kümmern. Die Elternzeit muss spätestens **sieben Wochen vor ihrem Beginn** beim Arbeitgeber beantragt und verbindlich für die kommenden zwei Jahre festgelegt werden, damit auch der Arbeitgeber Planungssicherheit hat. Sobald man den Elternzeitantrag beim Arbeitgeber eingereicht hat, besteht ein besonderer **Kündigungsschutz**.

Es können auch beide Eltern gleichzeitig in Elternzeit gehen, nebenbei ist eine Teilzeitarbeit bis zu 30 Wochenstunden pro Elternteil möglich.

Hintergrund

Ein Beispiel: Sie sind Ärztin in Weiterbildung im Krankenhaus und planen nach der Geburt ein Jahr ganz zu Hause zu bleiben und im Anschluss Ihre Arbeitszeit auf 50 % der vollen Wochenstundenzahl zu reduzieren. Dann würde es Sinn machen, sieben Wochen vor Ende des Mutterschutzes die Elternzeit für zwei Jahre beim Arbeitgeber zu beantragen. Parallel können Sie Ihren Wunsch äußern, mit 50 % im zweiten Jahr wieder einzusteigen. So haben Sie Vorteile, wie einen besonderen Kündigungsschutz und Recht auf Teilzeitarbeit durch die Elternzeit, steigen aber bereits wieder in den Beruf ein und sammeln Weiterbildungszeiten.

Was ist das Elterngeld?

Das Elterngeld ist eine Unterstützung für Mütter und Väter nach der Geburt eines Kindes. Es wird vom Staat finanziert und soll dabei helfen, den gewohnten Lebensstandard auch in der Elternzeit einigermaßen halten zu können. Es wird für bis zu 14 Monate gezahlt, wobei die Zeiträume unter beiden Eltern frei aufgeteilt werden können. Jedoch werden für ein Elternteil maximal 12 Monate Elterngeldzahlungen gewährt (Ausnahme: Alleinerziehende). Die Grundlage, um Elterngeld zu beantragen, ist die Elternzeit. Die Höhe des Elterngeldes bemisst sich **nach dem bisherigen Nettoverdienst** und liegt zwischen 300 und 1800 € pro Monat. Je nach Gehalt bekommt man zwischen 100 % und 65 % des vorherigen Nettoeinkommens, mit einer vollen Stelle als Arzt in Weiterbildung und ein paar Bereitschaftsdiensten werden Sie voraussichtlich beim **Höchstsatz von 1800 €** liegen.

! Während der Elternzeit können Sie sich entweder zum **Mindestbeitrag bei Ihrer gesetzlichen Krankenkasse** versichern oder wenn Sie verheiratet sind über die **Familienversicherung** Ihres Ehepartners kostenlos mitversichert sein.
Sie können während der Elternzeit **freiwillig Beiträge** an das ärztliche Versorgungswerk abführen, um die Altersbezüge nicht zu sehr zu mindern.

Weitere Informationen gibt es auf einem Informationsportal des Bundesministeriums für Familie, Senioren, Frauen und Jugend (www.familien-wegweiser.de).

7.2 Freizeit und Urlaub

> „Du weißt nicht mehr wie Blumen duften, kennst nur die Arbeit und das Schuften … so geh'n sie hin die schönsten Jahre, am Ende liegst Du auf der Bahre und hinter Dir da grinst der Tod: Kaputtgerackert – Vollidiot."
>
> *Joachim Ringelnatz*

Die beiden Begriffe „Freizeit" und „Urlaub" waren lange – insbesondere im Zusammenhang mit jungen Ärzten – verpönt. Inzwischen findet ein Umdenken statt, und in der Ärzteschafft, auch unter Chefärzten, zieht immer mehr Verständnis für die gesundheitsfördernde Eigenschaft von Urlaub und Erholung ein. Planen Sie Urlaube, möglichst einmal im Jahr drei Wochen am Stück, um genug Abstand von der Medizin zu bekommen. Nehmen Sie sich angenehme Freizeitaktivitäten vor, und geben Sie nicht alles wegen Überstunden und hoher Dienstbelastung auf. Ihr Leben darf auch noch Spaß machen. Nur so bleiben Sie lange arbeitsfähig. Ob nach Feierabend eher Sport oder andere Aktivitäten oder aber der entspannte Kino- oder Kneipenbesuch guttun, wird mit der Zeit jeder für sich selber herausfinden – wichtig ist nur, dass Sie entdecken, was Sie nach einem anstrengenden Tag als Arzt brauchen.

!
- Bedenken Sie bitte, dass Besuche von Kongressen, Tagungen und Fortbildungen **kein Erholungsurlaub sind** und auch nicht von Ihrem Urlaubskontingent abgezogen werden sollten. Dafür gibt es in den meisten Tarifverträgen Sondervereinbarungen, wie z. B. 5 Tage Fortbildungsurlaub pro Jahr o. Ä., die Sie dafür nutzen können.

- Überprüfen Sie, ob Ihnen der für Nachtarbeit nach vielen Tarifverträgen bestehende zusätzliche Erholungsurlaubanspruch gewährleistet wird.
- Wenn Sie im Urlaub erkranken und Ihre Erholungszeit nicht nutzen können, sind der Gang zum Arzt und eine Feststellung von Arbeitsunfähigkeit (Krankschreibung) möglich, die Sie Ihrem Arbeitgeber einreichen. Die verloren gegangenen Urlaubstage bleiben dann erhalten. Ob man so verfährt, sollte individuell und nach Schwere der Erkrankung sowie dem Schaden durch den verlustig gegangenen Urlaub entschieden werden.

7.3 Gesund bleiben und krank werden als Arzt

7.3.1 Gesundheitsförderndes Verhalten

Über gesundheitsförderndes Verhalten im Allgemeinen gäbe es viel zu sagen. Als Mediziner wissen Sie bereits viel darüber – was nicht unbedingt heißt, dass Sie die Theorie auch für sich gut in die Praxis umsetzen können. Eine immer deutlicher werdende Schwierigkeit ist es, ab jetzt als Arzt – der naturgemäß andere vor Leid bewahren möchte – auf sich selber Acht zu geben. Bekannt ist, dass Ärzte im Durchschnitt ein besonders hohes Maß an Engagement, Verantwortungsbereitschaft und Ehrgeiz zeigen, und es mit ihrem Selbstbild oft nicht vereinbaren können, Hilfe zu verlangen oder den Erwartungen nicht zu entsprechen. Dazu kommt an äußeren Faktoren die dauernde Konfrontation mit Leid und Tod, Zeitdruck, der Verwaltungsaufwand, die Fremdbestimmung und ein relativ starres System „Krankenhaus“ oder „ambulante Versorgung“. Zudem zählt sehr stark die Leistung in der Medizin und sehr wenig soziale und menschliche Stärke, was dazu führen kann, dass man sich angewöhnt, nicht mehr auf sein Inneres und eigene Bedürfnisse zu hören.

Dieser Umstand kann zur Anfälligkeit für körperliche oder psychische Erkrankungen führen – sei es durch das Verkennen oder Ignorieren von Symptomen, das Überschätzen der eigenen Grenzen oder ein Ignorieren der Stressoren von außen.

Das Krankenhaus gehört durch komplexe Arbeitsabläufe mit geringem Ausmaß an Selbstkontrolle und unzureichender Teamarbeit zu den belastendsten Arbeitsumgebungen überhaupt.

Viele Ärzte leiden deshalb unter dem s.g. **Burnout-Syndrom**, das nach der ICD-Klassifikation keine Krankheit im eigentlichen Sinne ist und nach Maslach (1996) wie folgt definiert wird:

> Burnout ist ein Syndrom emotionaler Erschöpfung, Depersonalisierung und reduzierter persönlicher Leistungsfähigkeit, das bei Individuen auftreten kann, die irgendeine Art von „Arbeit mit Menschen verrichten".

Insgesamt sind laut verschiedener Umfragen je nach Arbeitssituation 25–60 % aller Ärzte von Burnout betroffen, **junge Berufsanfänger** (unter 35 Jahren) sind leider besonders gefährdet. Strukturelle Ansatzpunkte zur Verbesserung dieser Situation wären ein Trainings- und Eingewöhnungsprogramm für neue Mitarbeiter, gelegentliche Wechsel der Tätigkeitsbereiche, klare Urlaubsregelungen, besondere Pflege der Kollegialität sowie eine ärztliche Supervision. Auch sich selber sollte man hinterfragen, um unrealistische und unangemessene Selbstansprüche zu erkennen. Ebenso kann es hilfreich für die Gesundheit sein, eigenverantwortlich die Arbeitszeit zu begrenzen, Sport zu treiben und z. B. ein Entspannungsverfahren oder Yoga zu erlernen.

1. Versuchen Sie im Laufe der Zeit als Arzt einen möglichst **bewussten Umgang** mit den verschiedenen, auf Sie zukommenden Belastungen zu finden, und setzen Sie sich als Ziel, Ihre Gefühle nicht zu verdrängen, um weiter „funktionsfähig" zu bleiben.
2. **Entscheiden** Sie im Laufe der ersten Erfahrungen, wie Sie in der Zukunft mit Fragen wie Überstunden, Unplanbarkeit im Alltag, Belastungen durch nichtärztliche Tätigkeiten und z. B. schlechte Planbarkeit des Urlaubes (wg. Rotationen, Hospitationen etc.) umgehen möchten. Es ist nichts einzuwenden gegen viel Arbeit, sie alleine macht kein Burnout! Ausgebrannt kann man nur sein, wenn der berufliche Alltag nicht mehr zu handhaben ist, ein gesunder Umgang mit den Stressoren unmöglich geworden ist und kein Ausweg möglich erscheint. Fragen Sie sich regelmäßig, ob Sie mit Ihrem Arbeitsalltag zufrieden sind, und ob irgendeine Art der kleinen oder großen Änderung angestrebt werden soll. Immer wieder sollten Sie **eigene Motive und Ziele** überprüfen.
3. Wenn es bei Ihnen **Anzeichen einer Erkrankung** – welcher Art auch immer – gibt, gehen Sie zum Kollegen und lassen sich untersuchen. Teilen Sie mit, dass Sie ärztlicher Kollege sind, und versuchen Sie, „falsche Scham" abzubauen, indem Sie sich und Ihre Gesundheit ernst nehmen.
4. Arbeit werden Sie in den ersten Berufsjahren genügend haben. Versuchen Sie dennoch, so regelmäßig wie möglich zu essen und auch Gesundes, wie Salat und Gemüse, zu sich zu nehmen. Trinken Sie ausreichend über den Tag – nicht jeder Patient ist wichtiger als die eigene Niere!
5. Bedenken Sie, dass Sie bis zu 40 Jahre im Berufsleben bleiben wollen. Sie sollten sich Ihre Kräfte also einteilen – sensibilisieren Sie sich dafür, wenn Sie nach einigen Jahren des Powerns merken, dass Sie das nicht für immer fortsetzen können und versuchen Sie, sich den Bedürfnissen Ihres Körpers und Ihrer Seele anzupassen.

Thomas Bergner klärt in seinem Buch „Burnout bei Ärzten" über eine typische **Fehlannahme** auf:

> *„Burnout entsteht nur, wenn der Arzt die arzttypischen Verhaltensweisen nicht erlernt hat*: Die Verhaltensweisen, die einen guten Arzt ausmachen, wie die Neigung,

möglichst keine Fehler zu machen, Idealismus, Sensitivität, ausgeprägtes Verantwortungsbewusstsein und der Wunsch, dass es anderen besser geht, sind es (eigentlich gerade eben), die zugleich Burnout erleichtern."

So ist die streckenweise noch vertretene Überzeugung unter Ärzten, derjenige, der an einem Burnout-Syndrom leidet, sei kein gestandener Arzt, als inhaltlich nicht haltbar zurückzuweisen.

Wenn Sie sich näher für Gesundheit in den helfenden Berufen interessieren, schauen Sie sich doch einmal die Bücher vom Psychoanalytiker Wolfgang Schmidbauer an, wie z. B. den Klassiker „Hilflose Helfer – Über die seelische Problematik der helfenden Berufe". Der Autor hat den Begriff „Helfersyndrom" Ende der 70er Jahre geprägt und wollte damit dabei helfen, die Risiken u. a. des Arztberufes genauer zu erkennen und zu verstehen.

7.3.2 Frühe Warnzeichen

Wenn wir uns mit dem Thema „Krankheit bei Ärzten" am Berufsbeginn und frühen Warnzeichen beschäftigen möchten, sind wir unmittelbar wieder beim Thema Burnout, weil es leider so häufig ist und eine Vorstufe für weitere Krankheiten (wie Depressionen, Suchterkrankungen) darstellt.

Da das Burnout-Syndrom oft lange unbemerkt verläuft, sollten Sie bei frühen Phasen des Syndroms möglichst bereits wachsam sein (angelehnt an Burisch 2010):

1. Vermehrtes Engagement für Ziele (weniger Pausen, Beruf als hauptsächlicher Lebensinhalt, Verzicht auf Urlaub, Erschöpfung)
2. Reduziertes Engagement (erhöhte Ansprüche, Substanzmissbrauch, Desorganisation, Unsicherheit)
3. Emotionale Reaktionen, Schuldzuweisungen (Depression, Aggression)
4. Verflachung (Konzentrationsstörungen, Motivationsmangel, mentaler und sozialer Rückzug)
5. „Psychosomatische Reaktionen" (Infektanfälligkeit, Schlafstörungen, Magen-Darm-Beschwerden)
6. Mögliches Endstadium (Verzweiflung, massive Erschöpfung, innere Unruhe, Sinnlosigkeitsempfinden)

Was tun, wenn es zu spät ist?

Wenn Sie bemerken, dass Sie am Ende Ihrer Kräfte sind und sich nicht mehr imstande fühlen, Ihre Arbeit durchzuführen, ohne sich selber oder andere zu gefährden, gehen Sie zum Hausarzt und berichten Ihr Problem. Es ist nicht Ihr persönliches Versagen: Die Strukturen und die in Deutschland bestehende Situation im Berufsalltag sorgen leider dafür, dass Sie nicht alleine mit diesem Problem sind. Nehmen Sie professionelle Hilfe an, und machen Sie sich klar, dass Sie einige Zeit brauchen werden, bis Sie wieder Ihre gewohnte Kraft haben. Lassen Sie sich während Ihrer Gesundung von niemandem unter Druck setzen.

Wenn Sie Lust haben, setzen Sie sich berufspolitisch für bessere Arbeitsbedingungen ein.

Auf einen Blick

1. Privat- und speziell das Familienleben müssen dank neuer Modelle der Arbeitsplatzgestaltung (klinikeigene Kinderbetreuung, Teilzeitarbeit etc.) nicht mehr zwangsläufig hinter dem Arztberuf anstehen.
2. Schwangerschaft und klinische Tätigkeit sind nach wie vor schwer miteinander zu vereinbaren – trotzdem (oder gerade deswegen) sollten Sie im Fall einer Schwangerschaft genau auf Ihren Körper hören und um Ihre Rechte als Arbeitnehmerin wissen.
3. Elternzeit beschreibt die Möglichkeit, bis zu drei Jahre aus Ihrem Beruf unter der Bedingung eines Kündigungsschutzes auszusteigen, während Elterngeld die Option darstellt, für i. d. R. zwölf Monate staatliche Unterstützung in Anspruch zu nehmen, um das eigene Kind in den ersten Jahren zu Hause betreuen zu können.
4. Urlaub und Freizeit sind, auch in der Anfangszeit, wichtige Bestandteile, um weiterhin mit genügend Kraft im ärztlichen Beruf tätig sein zu können.
5. Es ist wichtig, dass Sie nicht nur die Gesundheit Ihrer Patienten fokussieren, sondern auch Ihre eigene im Bick behalten.

Quellen

Ärzteinitiative der Charité (www.klinikaerzte.org)

Armstrong U. Raus aus der Burn-out-Falle. Ärzte Zeitung 2013. (www.aerztezeitung.de/medizin/krankheiten/neuro-psychiatrische_krankheiten/article/837692/tipps-strategien-raus-burn-out-falle.html)

Bergner TM. Burnout bei Ärzten. Arztsein zwischen Lebensaufgabe und Lebens-Aufgabe. Stuttgart: Schattauer 2010.

Burisch M. Das Burnout-Syndrom. Theorie der inneren Erschöpfung. In: Korczak D, Kister C, Huber B. Differentialdiagnostik des Burnout-Syndroms. Schriftenreihe Health Technology Assessment, Bd. 105. Köln: DIMDI 2010. (portal.dimdi.de/de/hta/hta_berichte/hta278_bericht_de.pdf)

Internetredaktion des Bundesministeriums für Familie, Senioren, Frauen und Jugend: Familien-Wegweiser (www.familien-wegweiser.de)

Meißner M, Osterloh F. Ärztemangel im Krankenhaus: Erfolgsfaktor Familie. Dtsch Arztebl 2012; 109(46): A-2280 / B-1858 / C-1822. (www.aerzteblatt.de/archiv/132654/Aerztemangel-im-Krankenhaus-Erfolgsfaktor-Familie)

Osterloh F. Mutterschutz: Zeitgemäße Auslegung. Dtsch Arztebl 2012; 109(9): A-402 / B-348 / C-344. (www.aerzteblatt.de/archiv/123025/Mutterschutz-Zeitgemaesse-Auslegung)

Schmidbauer W. Hilflose Helfer. Über die seelische Problematik der helfenden Berufe. Reinbek: Rowohlt 1992.

8 „Das Ziel vor Augen"

8.1 Das eigene Profil stärken

Mindestens ein halbes Jahr werden Sie benötigen, um sich an die neue Rolle und Funktion als Arzt in Facharztweiterbildung zu gewöhnen. Bis Sie wirklich das Gefühl haben, dass diese Arbeit Alltag für Sie ist, kann es sogar zwei Jahre dauern. Es gibt so viele Eventualitäten, die man einmal erlebt und durchgestanden haben muss, um das Gefühl von relativer Sicherheit und Souveränität zu bekommen.

Ab dem zweiten Jahr etwa kann es sinnvoll sein zu überdenken, wo Sie Ihre berufliche Zukunft sehen: Im Krankenhaus? In der Praxis? Außerhalb der klinischen Medizin?

Denn jetzt ist es an der Zeit, für Schwerpunkte in Ihrer Facharztweiterbildung die Weichen zu stellen. Doch welche Schwerpunkte sollte man sich setzen?

Checkliste

Für die spätere Tätigkeit im Krankenhaus

- Gute Kenntnisse in Funktionsdiagnostik und invasiver Diagnostik / Therapie, ggf. in einem Schwerpunkt
- Erfahrung in der Organisation von Arbeitsabläufen (z. B. Dienstplanung)
- Kenntnisse im Umgang mit Notfällen und schweren Erkrankungsverläufen
- Interdisziplinäre Kenntnisse über die Krankheiten des Fachgebietes
- Probieren und Testen der Teamarbeit sowie Arbeit in einem hierarchischen System
- Fähigkeit, Tätigkeiten an Mitarbeiter zu delegieren und deren Umsetzung kontrollieren zu können
- Freude am Ausbilden von Famulanten, PJ-Studenten und Ärzten in Weiterbildung sowie dem Pflegepersonal
- Gutes, schnelles Diktieren oder Schreiben von medizinischen Befunden und Arztbriefen sowie Erfahrung mit Abrechnung von Krankenhausleistungen (DRG- und OPS-Systematik)

Für eine wissenschaftliche Karriere an der Uni-Klinik

- Sehr gute, herausragende Kenntnisse und überdurchschnittliches Wissen in einem Spezial- bzw. Nischengebiet
- Möglichkeit und Zeit zum regelmäßigen Forschen mit Publikation der gewonnenen Ergebnisse
- Erfahrungen mit der „Doppelbelastung" durch Klinik und Forschung
- Fähigkeiten in der Ausbildung von Medizinstudenten und anderen Angehörigen medizinischer Berufe

- Etablierung eines privaten Umfeldes, das einen überdurchschnittlichen beruflichen Arbeitseinsatz ermöglicht
- Bildung eines Netzwerkes zu anderen am jeweiligen Schwerpunkt forschenden Einrichtungen

Für die spätere Tätigkeit in der Praxis
- Breites Wissen im eigenen Fachgebiet mit guten Grundkenntnissen der allgemeinen Medizin sowie in der Notfallversorgung
- Freude an der langfristigen Führung von Patienten und Interesse an allen medizinischen, seelischen und sozialen Facetten körperlicher und seelischer Erkrankungen
- Kenntnisse in apparativer Basisdiagnostik (z. B. EKG, Sonographie, Labor, Endoskopie) und ggf. kleiner Chirurgie oder den OP-Techniken des Fachgebietes
- Entwicklung guter lokaler Arbeitsbeziehungen zur gemeinsamen Versorgung in einem Netzwerk aus ambulanten Praxen, Kliniken und weiteren Gesundheitsdienstleistern wie Pflegedienste
- Vertrauen in die eigenen organisatorischen Fähigkeiten zum Führen eines Betriebes mit Kenntnissen in der ambulanten Abrechnung über die Kassenärztliche Vereinigung (KV)
- Sicheres Auftreten und Vertrauen in die eigenen Kenntnisse („sich verkaufen und präsentieren können")

Für ein alternatives Berufsfeld z. B.
- Entwicklungshilfe / Humanitäre Hilfe: Infektiologische Kenntnisse, Basismedizin, Pharmakotherapie, gute klinische Diagnostik
- Pharmaindustrie: Klinisch-pharmakologische Informationen aufbereiten, Statistik, Kommunikation, wirtschaftliches Interesse, Kommunikation
- Medizinische Informatik: Spaß am systematischen Erfassen von Abläufen, Dokumentation, Umgang mit elektronischer Kommunikation, Kreativität, Interesse an Programmiersprachen
- International Health / Public Health: Epidemiologie, öffentliches Gesundheitswesen, breites Wissen zu allen gesundheitsrelevanten Themen
- Fachjournalismus Medizin: Medizinische Informationen anschaulich und verständlich aufbereiten, Distanz zur wissenschaftlichen Welt, Unabhängigkeit von Industrie und berufspolitischen Interessen

Wenn Sie sich entschlossen haben, wo Sie hin möchten, bitten Sie Ihren Chef um genau diese Dinge, beschreiben Sie Ihre Ziele. Sie können sich durch nähere Eingrenzung Ihrer Ziele auch Arbeit sparen: Wenn Sie sich z. B. sicherer werden sollten, als Hausarzt arbeiten zu wollen, können Sie sich eine anstrengende Rotation auf die Intensivstation sparen und den Facharzt für Allgemeinmedizin statt für Innere Medizin abschließen. Wollen Sie nach der Facharztweiterbildung ambulant-orthopädisch arbeiten, brauchen Sie kein Spezialist mehr zu werden in Sachen Bandscheiben-OP. Die Konzentration auf die Überwachung physiotherapeutischer Maßnahmen und eine Rotation in die

Physikalische Medizin wiederum könnten umso interessanter (und wichtiger) werden.

Versuchen Sie, sich realistische Ziele zu setzen. Es ist positiv, wenn die Medizin viele Anreize gibt und Interessen eröffnet, jedoch ist oft nicht alles umsetzbar.

! Nach zwei Jahren Weiterbildung ist ein gedanklicher „Lagebericht" zu empfehlen. Wo wollen Sie beruflich hin? Welche Aufwendungen können Sie sich sparen, um alle Bemühungen Ihrem eigentlichen Ziel zugutekommen zu lassen?

8.2 Die Weiterbildungsordnung im Blick

Oft geht sie im Alltag unter: die **Weiterbildungsordnung (WBO)** der zuständigen Ärztekammer. Haben Sie erst die anfänglichen Hürden und Fallstricke mit Bravour umschifft und diesem Buch eine entfernte Ecke im Bücherregal zugewiesen, sind Sie schnell durch und durch klinisch tätiger Arzt. Sie meistern die Dienste, sind ständig mit neuen Patienten und kniffeligen Fällen betraut. Ihr Alltag spielt sich im „Hier und Jetzt" ab, und Sie sind mit Ihrer Arbeitsstelle richtig verschmolzen. Gegen diesen Zustand ist ganz und gar nichts einzuwenden, Sie sollten sich nur motivieren, sich mindestens **einmal pro Jahr** konkret um die **Weiterbildungsordnung** zu kümmern, um nachzuvollziehen, was Sie an Qualifikationen und Kenntnissen erlangt haben, und was noch ansteht. Gegebenenfalls ist es sinnvoll, einmal jährlich die Inhalte im Logbuch abzeichnen zu lassen, die Sie erlangt haben (mit Jahreszahl und Mengenangabe in eines der sechs dafür vorgesehenen Felder, s. auch www.schattauer.de/2902.html). Es ist sowieso einmal im Jahr ein Weiterbildungsgespräch nötig, das auf einer der letzten Seiten im Logbuch mit Datum und Gesprächsinhalt von Ihrem Weiterbildungsbefugten und Ihnen unterschrieben werden muss – vielleicht kombinieren Sie dies mit der Bitte um Abzeichnung der erbrachten Weiterbildungsleistungen.

Behalten Sie im Blick, dass Ihr unbedingtes Ziel ist, diesen (jeweiligen) Facharzt zu erlangen, der für Sie eine viel größere Freiheit in der weiteren beruflichen Entwicklung bedeuten wird. Die ganze Welt um Sie herum, vom Patienten bis zum Klinikdirektor, hat nicht im Blick, dass Sie dieses wichtige Ziel vor sich haben. Im Alltag verfolgen Sie ständig andere, konkrete Ziele, nämlich die Behandlung der Ihnen anvertrauten Patienten, sodass Sie sich immer wieder bewusst vor Augen führen sollten, was Ihr übergeordnetes Ziel ist: die Facharztweiterbildung und deren Abschluss.

CAVE

Stellen Sie sich einmal Ihren Chef vor, der Ihnen immer wieder sagt, dass er Ihnen am Ende ganz bestimmt alles im Logbuch abzeichnen wird und Ihre konkreten Anfragen daher abwinkt. Dann folgt dieser Chef nach einiger Zeit spontan einem Ruf an eine ausländische Universität. Nun hat er keine Zeit mehr, sich in Ruhe über Ihre 150 oder 200 Sonographien und 30 Knochenmarkspunktionen zu unterhalten, da er in zwei Wochen schon umgezogen sein muss. Er bittet Sie, sich an seinen Nachfolger zu wenden. Dieser ist reichlich korrekt und teilt Ihnen mit, nur das bescheinigen zu können, was Sie unter seiner Aufsicht durchführen. In solch einem Fall wären Sie ziemlich aufgeschmissen und könnten vielleicht nur unter großen Anstrengungen noch die Bescheinigungen vom verzogenen Chefarzt einfordern. Um sich das zu ersparen, nehmen Sie sich einmal im Jahr die Zeit, einen „Kassensturz" in der Weiterbildungsordnung zu machen, und lassen Sie sich alles bisher Erreichte abzeichnen. Die Facharztqualifikation ist für Sie sehr wichtig und ein universeller Nachweis Ihrer erlangten Expertise. Dass Sie sich in einem Bereich gut auskennen und auch wirklich viele Erfahrungen mit der Untersuchung XYZ haben, zählt leider in der Medizin unterdurchschnittlich wenig, verglichen mit der Anerkennung von Expertise in der Wirtschaft oder den Naturwissenschaften.

! Bilanzieren Sie einmal jährlich Ihre erworbenen Weiterbildungsinhalte sowie die weiterhin anstehenden Erfordernisse und bitten Sie um ein Weiterbildungsgespräch. Lassen Sie sich neu Erworbenes im Logbuch abzeichnen!
In der Medizin zählen als Qualifikationsnachweis nur Facharzt- und Zusatzbezeichnungen!

8.3 Rotationen und Hospitationen

Denken Sie rechtzeitig daran, sich um die je nach Fachrichtung nötigen Rotationen und Hospitationen zu kümmern. Es gibt nämlich „Flaschenhälse“, in denen es eng wird und erfahrungsgemäß Wartezeiten entstehen. Es gibt prinzipiell zwei Möglichkeiten, die erforderlichen Zeiten zusammenzubekommen. Entweder lässt Ihr Chef Sie in den erforderlichen Bereich rotieren, z. B. im Austausch gegen einen anderen Arzt, oder er besetzt mit mehreren Kliniken zusammen ärztlich eine Abteilung, wie z. B. die interdisziplinäre Notaufnahme. Oder aber Sie kümmern sich selber um Ihre Rotations- bzw. Weiterbildungsabschnitte, indem Sie sich bedarfsgerecht bewerben – direkt mit der Bitte um einen Einsatz im gewünschten Bereich, z. B. auf der Intensivstation. Versuchen Sie, mit so wenigen Wechseln wie möglich, alles Erforderliche zusammenzubekommen. Zwar geben alle Wechsel der Arbeitsumgebung Input hinsichtlich einer Erweiterung des Wissens- und Fähigkeitserwerbes, sie kosten jedoch auch unheimlich viel Kraft. Jeder Wechsel braucht wieder seine eigene Eingewöhnungsphase und oft ist man – z. B. bei Halbjahresabschnitten – schon wieder weiterrotiert, bevor man den Überblick gewonnen hat und die Gelegenheit / die Zeit hatte, sich vertieft mit der jeweiligen Thematik zu befassen.

Hintergrund

Wie funktioniert die **Ärztliche Weiterbildung** kurz zusammengefasst? Sie werden in bestimmte ärztliche Routineaufgaben eingearbeitet (im günstigsten Fall) oder arbeiten sich selber ein (im häufigsten Fall), sodass Sie *diese* anderen, erfahreneren Ärzten abnehmen können. Diese wiederum nutzen einen Teil des gewonnen Zeitvorteils dafür, Sie weiterzubilden und Ihnen z. B. Interventionen oder OP-Techniken beizubringen, die schneller zu erledigen wären, wenn der Oberarzt sie selber durchführen würde. Das heißt, es kann einige Monate dauern, bis Sie von Ihrer erbrachten Vorleistung profitieren und die Früchte für Ihre geleisteten Routinearbeiten ernten, in dem Sie z. B. in einem speziellen Funktionsbereich eingearbeitet werden und wertvolle neue Kenntnisse erwerben.
Allgemein empfehlen sich daher Rotations- und Hospitationsabschnitte von mindestens einem Jahr, da die Bilanz aus Anstrengung und Arbeitsergebnis / Lerneffekt nach mehreren Monaten Einarbeitung deutlich günstiger ausfällt.

! Klinische Rotationen und Hospitationen von mindestens einem Jahr sind (meistens) Abschnitten von nur sechs Monaten wegen besserer Kosten-Nutzen-Bilanz und höherem Lerneffekt vorzuziehen!

8.4 Wechsel der Fachrichtung

Ein Wechsel der Fachrichtung, während Sie sich in der Facharztweiterbildung befinden, hat meistens einen der folgenden drei Gründe:

1. Sie benötigen einen bestimmten Zeitraum in einem Nachbargebiet, um zum gewünschten Facharzttitel zu gelangen (z. B. ein Jahr Psychiatrie und Psychotherapie für die Neurologie).
2. Ihr Berufsziel hat sich geändert, und Sie möchten Ihre Weiterbildung in einer anderen Fachrichtung fortsetzen.
3. Sie sammeln Weiterbildungszeit für zwei Fachärzte, die sich ergänzen (wie z. B. die Innere Medizin und die Psychosomatische Medizin und Psychotherapie).

Eines vorweg: Bei keinem der Anlässe ist ein Fachwechsel verwerflich! Doch kann es mit Hürden verbunden sein, eine andere Facharztbezeichnung als anfangs geplant zu erwerben und in einem anderen Fach das Glück suchen. Es kann passieren, dass Sie dadurch Weiterbildungszeit verlieren. Sie wechseln

z. B. nach drei Jahren Berufstätigkeit von der Hals-Nasen-Ohrenheilkunde in die Allgemeinchirurgie, für deren Facharztweiterbildung Sie nur ein Jahr HNO anerkennen lassen können (nach der gültigen Musterweiterbildungsordnung von 2003). Die anderen zwei Jahre würden sich dann nicht als Weiterbildungszeit nutzen lassen, es sei denn, Sie entscheiden sich später noch, den Facharzt für HNO-Heilkunde fertig zu machen, um beide Facharztqualifikationen gemeinsam nutzen zu können.

Dem Verlust der zwei Jahre Weiterbildung gegenüber steht jedoch die Aussicht auf 30–40 Berufsjahre, in denen Sie zufrieden sein sollten und somit etwas finden müssen, was Ihnen Spaß macht. Wenn Sie dafür drei Jahre HNO brauchten, dann ist das möglicherweise der Preis dafür. Zudem laufen Ihre Kenntnisse ja nicht weg – auch nicht auf dem Papier, von daher steht es Ihnen offen, später die Facharztweiterbildung abzuschließen.

Im Falle von Facharztweiterbildungen, die in Ihrer Weiterbildungsordnung Zeiten in „Fremdfächern" vorsehen, ist es manchen Kollegen lieber, diese vorweg gleich „abzuhaken". Sie möchten z. B. Psychiater werden und starten mit dem Pflichtjahr in der Neurologie. Oder Sie möchten Allgemeinarzt werden, gehen als erstes in die Klinik und beschäftigen sich mit der Inneren Medizin. Der Vorteil dabei ist, Sie können sich im Anschluss mit Engagement dem Fach widmen, das Sie wirklich interessiert und neugierig macht und müssen dann nicht aus dem laufenden Weiterbildungs- und vielleicht Forschungsprozess heraus. Zudem ist die Gefahr geringer, dass Sie sich erst in Ihrem Wunschfach so gut eingearbeitet haben, dass Sie nachher die „Pflichtrotation" immer weiter hinausschieben, obwohl Sie längst „Facharztreife" erlangt haben (sich also für die Prüfung anmelden könnten). Diese Verzögerung hat natürlich auch eine finanzielle Bedeutung, da Sie sonst bis ca. 1000 € brutto mehr als angestellter Facharzt verdienen könnten.

Theoretisch kann man auch für zwei Fachärzte im Wechsel Weiterbildungszeit sammeln, wobei das vielleicht auch oft ein Ergebnis dessen ist, was sich ergibt, wenn man in der Medizin verschiedene Richtungen ausprobieren möchte.

! Ein Wechsel der Fachrichtung ist immer eine Option, er sollte nur gut durchdacht werden. Wie ist die erlangte Weiterbildungszeit anderweitig oder später zu nutzen?

8.5 Motivation und Frustration

„Motivation" beschreibt die Gesamtheit Ihrer Beweggründe, die Sie zur Handlungsbereitschaft führt (vgl. Pschyrembel) und „Frustration" die enttäuschte Erwartung (vgl. Duden).

Von beidem werden Sie vermutlich während Ihrer Weiterbildung genug haben, denn der Arztberuf hält viel Spannendes und Positives bereit, aber auch einige Abgründe und Schluchten, in die man manchmal einfach stürzen muss.

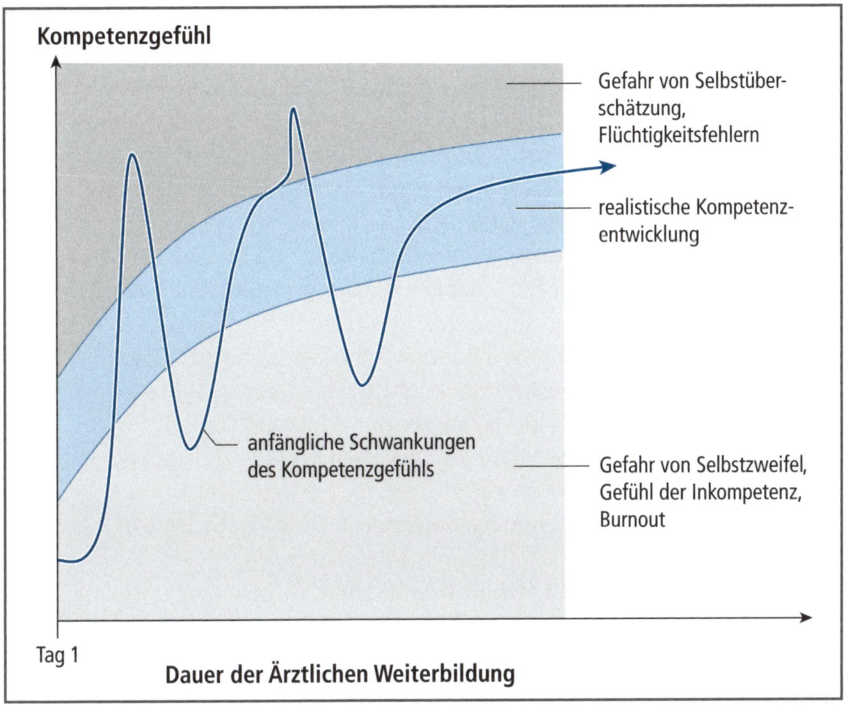

Abb. 8-1 Mögliche Abweichung der schnell wechselnden Selbsteinschätzung eines Arztes im Berufseinstieg von der real möglichen Kompetenzentwicklung in der Medizin.

Das Einzige, was ich Ihnen dazu sagen möchte ist, dass es wohl auf Dauer am hilfreichsten ist, sich von keiner dieser Kräfte zu sehr in ihren Bann ziehen zu lassen. Der Trick dabei liegt darin zu verstehen, dass der Weg des noch unerfahrenen Arztes zu Erfahrung und Kompetenz einem bestimmten Rhythmus folgt, den man kennen sollte:

Zunächst steht die Freude über das abgeschlossene Studium und die Erlangung der Approbation im Vordergrund, die Motivation ist groß. Der Berufsstart geht dann ganz sicher mit Frustrationen einher – dem jungen Arzt wird klar, was er alles noch nicht umsetzen kann. Die gute Nachricht lautet, dass es schon nach einigen Wochen besser wird. Sie sind eingearbeitet und können 90 % dessen, was ein Arzt jeden Tag tut, wie ein Routinier. Das gibt ein gutes Gefühl, und Sie trauen sich immer mehr zu. Jetzt ist der optimale Zeitraum wieder einen Rückschlag, eine Niederlage zu erleben oder zumindest festzustellen, was man doch noch nicht konnte. Aus dem Tal der Frustration arbeitet man sich nun erneut nach oben. Jede geglückte Aufgabe bedeutet nun: Du bist ja doch ein guter Mediziner. Und so weiter. Erst nach langer Berufserfahrung hat sich eine Art Mittelwert eingestellt, mit dem wir uns gut fühlen, uns nicht übernehmen und dennoch mit unseren Fähigkeiten zufrieden sind (▶ Abb. 8-1). Bis dahin heißt es: durchhalten und sich Zeit nehmen zur Reflexion.

8.5 Konflikte und Lösungsansätze

Auseinandersetzungen und Probleme lassen sich nicht immer vermeiden. Je nachdem, in welchem Bereich und auf welcher Ebene das Problem besteht, können verschiedene Ansätze zur Lösung hilfreich sein. Natürlich sind die folgenden Empfehlungen allgemein gehalten, sodass individuell von Ihnen ein konkreter Plan erarbeitet werden sollte.

- Überarbeitung, Überstunden, Nicht-Einhaltung von Ruhezeiten / Pausen
  - Sprechen Sie mit Kollegen – haben sie das gleiche Problem? Wie gehen sie damit um?
  - Wenn möglich, suchen Sie das Gespräch zu Ihren Vorgesetzten.
  - Lassen Sie sich vertraulich vom Betriebsrat beraten.
  - Holen Sie sich Hilfe vom Marburger Bund-Landesverband.
  - Schreiben Sie mir eine Mail unter berufseinstieg@kugelstadt.eu.
- Beauftragung mit ärztlichen Tätigkeiten, die Sie sich nicht zutrauen
  - Machen Sie im Kollegenkreis transparent, dass Sie die jeweilige Aufgabe nicht beherrschen.
  - Es ist seriös und zeugt von Professionalität, nichts zu tun, wozu Sie sich nicht in der Lage sehen. Teilen Sie das selbstbewusst Ihrem Oberarzt / Chef / Praxisbetreiber mit. Es beweist, dass Sie ein gründlicher und gewissenhafter Arzt sind – man kann nicht von Anfang an alles können!
- Probleme mit der Erfüllung der Weiterbildungsanforderungen
  - Bitten Sie Ihren Weiterbildungsbefugten rechtzeitig und höflich, die ausstehenden Inhalte erlangen zu können.
  - Weisen Sie freundlich auf die jährlichen Weiterbildungsgespräche hin.
  - Lassen Sie sich in der zuständigen Ärztekammer beraten – besprechen Sie Ihre Vorgehensweise (Gesprächsprotokoll ausdrucken lassen).
  - Bei anhaltenden diesbezüglichen Konflikten kontaktieren Sie den Ombudsmann der Ärztekammer (zuständig für Konflikte, Ausbeutung von Arbeitskraft sowie Überlastung von Ärzten; s. Anhang Landesärztekammern).
- Patientenbeschwerden
  - Versuchen Sie, eine mögliche Beschwerde zunächst distanziert und nicht emotional zu betrachten.
  - Beziehen Sie ruhig und sachlich gegenüber Ihrem Vorgesetzten dazu Stellung, geraten Sie nicht in die Verteidigungsdefensive.
  - Eruieren Sie, ob die Beschwerde konstruktive Kritik enthält, die Ihnen weiterhilft.
  - Machen Sie auch besonnen und nüchtern deutlich, wenn die Ursache für die Beschwerde in einem strukturellen Problem zu liegen scheint, ohne die Verantwortung „wegzuschieben".
  - Bleiben Sie selbstbewusst: Wo gehobelt wird, fallen Späne!
- Probleme durch eine Schwangerschaft
  - Informieren Sie sich über typische Gefährdungen und den Mutterschutz (► Kap. 7.1.3).

  - Sprechen Sie mit Ihrer Frauenärztin / der Betriebsärztin.
  - Lassen Sie sich bei akuten Beschwerden krankschreiben.
  - Notfalls nehmen Sie ein Beschäftigungsverbot in Kauf.
- Wenn ärztliche Fehler passiert sind ...
  - Äußern Sie gegenüber Patienten und Angehörigen sowie Kollegen zunächst kein Schuldeingeständnis, bis der Sachverhalt intern genauer geklärt wurde. Teilen Sie mit, dass Sie sich bedauerlicherweise noch nicht dazu äußern können, bis Sie mit Ihrem Oberarzt oder Hintergrunddienst gesprochen haben.
  - Sprechen Sie mit den Verantwortlichen in Ihrer Abteilung, also Ihrem Chefarzt / Weiterbildungsbefugten.
  - Protokollieren Sie für sich im Sinne eines „Gedächtnisprotokolls" den genauen Ablauf des beklagten Sachverhaltes, um lange auskunftsfähig zu bleiben.
  - Nehmen Sie ggf. Kontakt mit Ihrer Haftpflichtversicherung auf, um den Versicherungsschutz nicht zu gefährden.
  - Lassen Sie sich rechtlich beraten!

Auf einen Blick

1. Nach zwei Jahren Weiterbildung empfiehlt sich ein „Lagebericht": Wo stehe ich und viel wichtiger: Wo will ich hin?
2. Prüfen Sie einmal jährlich Ihren Weiterbildungsstand, und lassen Sie sich alles in diesem Jahr erreichte in Ihr Weiterbildungslogbuch eintragen.
3. Bitten Sie einmal jährlich um ein Gespräch mit dem Weiterbildungsbeauftragten, und lassen Sie sich dieses ebenfalls im Logbuch abzeichnen.
4. Behalten Sie die für Ihre Facharztausbildung nötigen Untersuchungen, Eingriffe sowie Rotationen und Hospitationen im Blick – fordern Sie diese notfalls ein.
5. Ein Wechsel der Facharztrichtung ist natürlich möglich, aber nicht immer einfach – auf der anderen Seite sollten Sie über Jahrzehnte mit Ihrer gewählten Fachrichtung glücklich sein, also lohnt sich ein Überdenken der zuerst getroffenen Wahl.
6. Ein Beispiel für ein ausgefülltes Logbuch finden Sie unter www.schattauer.de/2902.html

9 Alternative Berufsfelder und Zusatzqualifikationen

9.1 Fachjournalismus Medizin

Journalist ist ein freier Beruf. Jeder kann Journalist werden, ohne dafür genormte Kriterien erfüllen zu müssen. Der inzwischen (noch mehr als früher) umkämpfte Markt funktioniert wie ein Basar – wer sein Handwerk versteht und gute Arbeit liefert, findet am besten Abnehmer für seine Werke. Der Fachjournalismus ist die auf ein Gebiet eingegrenzte und fokussierte, verständliche Vermittlung von Spezial-/Schwerpunkt-Themen, während die klassische journalistische Ausbildung auf Breite, Aktualität und Universalität ausgelegt ist.

Gute, profunde Qualität erzeugen meistens Fachjournalisten, die sich einem Thema sehr verschrieben haben und dazu einen guten, tiefgehenden Überblick, auch aber Distanz haben. Zudem sollten Fachjournalisten über die Fähigkeit verfügen, ihr Fachwissen verständlich vermitteln zu können und sich an die Erwartungen ihres Publikums anzupassen. Das sind Bedingungen, die nicht jeder Mediziner mitbringt!

Dennoch kann ein gelernter Arzt der ideale Fachjournalist für Medizin sein, wenn folgende Kriterien erfüllt sind:

- Komplexe, medizinische Zusammenhänge können für Laien verständlich und prägnant dargestellt werden.
- Praktische journalistische Erfahrung in irgendeiner Form (ansonsten sofort damit anfangen)
- Innerer Abstand zum Medizinbetrieb und der akademischen Welt sowie berufsständischen Interessen
- Bereitschaft, die Perspektive zu wechseln und das Arzt-Wissen zwar zu benutzen, nicht aber als das Maß aller Dinge zu verstehen
- Mut, bei Kollegen mit der journalistischen Tätigkeit anzuecken oder z. B. Abstriche beim Verdienst sowie dem Ansehen in Kauf zu nehmen

Wenn Sie sich für journalistische und redaktionelle Arbeit als approbierter Arzt interessieren, gibt es prinzipiell zwei mögliche Wege (die aufgrund der „Krise des Journalismus" gut zu prüfen sind).

1. Sie möchten **hauptberuflich** als Journalist arbeiten und nicht mehr kurativ (heilend) als Arzt tätig sein:
   - Bewerben Sie sich um ein **Volontariat** beim Medium Ihrer Wahl.
     - Online, Print (Zeitung, Magazin), Radio, Fernsehen
   - Bewerben Sie sich bei einer **Journalistenschule**.
     - Informieren Sie sich beim Deutschen Journalisten Verband (DJV).

- Absolvieren Sie ein **Aufbaustudium.**
  - Informieren Sie sich an den Universitäten. (Hinterfragen Sie die praktische Relevanz des jeweiligen Studiums für den Beruf des Journalisten.)
- Wenn Sie genug **Vorerfahrung** haben, bewerben Sie sich direkt um freie oder feste Mitarbeit in Ihren Wunschredaktionen.

Machen Sie sich klar, dass das Leben in der Welt des Journalismus unsicherer ist, als der Beruf des klassischen Arztes. Aufgrund der vielen freien publizistischen Online-Angebote wird es für klassische Medien immer schwieriger, gute Mitarbeiter gut zu bezahlen. Die Tätigkeiten finden oft nicht angestellt, wie in der Medizin statt, sondern als „freier Mitarbeiter", der Tagespauschalen als Vergütung erhält und für die Chefredaktion bedarfsgerecht gebucht werden kann oder eben nicht.

2. Sie möchten weiterhin als Arzt arbeiten, gleichzeitig Ihr Wissen und die zunehmende Erfahrung **nebenbei als Fachjournalist** nutzen:
   - Bekommen Sie **Schreib- oder Medien-Praxis.** (Verfassen Sie etwas für Fach- und Verbandszeitschriften, das Ärzteblatt Ihres Bundeslandes, Ihre lokale Tageszeitung oder ein medizinisches Online-Portal.)
   - Überprüfen Sie die Angebote für ein **berufsbegleitendes Fernstudium** „Journalistik" oder „Fachjournalistik". (Seien Sie kritisch, was Ihnen dort geboten wird.)
   - Besuchen Sie **Schreibkurse**, und vernetzen Sie sich mit anderen journalistisch interessierten Medizinern.
   - **Bloggen** Sie doch zu Ihrem Lieblingsthema der Medizin, und präsentieren Sie gleichzeitig Ihren Lesern und möglichen Auftraggebern, was Sie anbieten.

Obwohl es der Berichterstattung zur Medizin sicher gut tun würde, wenn einige kompetente Mediziner sich mit der verständlichen Verbreitung seriöser medizinischer Themen beschäftigten, machen es die Rahmenbedingungen und die Bezahlung schwierig. Eine weitere Problematik, mit der Sie im Bereich Medizinjournalismus bald konfrontiert werden, egal für welchen der zwei Wege Sie sich entscheiden, ist **PR und Marketing** als Finanzierungsweg im Medizinjournalismus. Denn auch hier ist die starke und erfolgreiche Pharmaindustrie aktiv und bietet für manchen in finanzielle Enge gekommenen Journalisten einen Hafen. Eine Problematik im Bereich des Medizinjournalismus ist, dass Texte, die von Interessen Dritter beeinflusst werden, häufig nicht entsprechend gekennzeichnet sind.

! Weitere Informationen erhalten Sie z. B. auf der Homepage der Deutschen Journalisten-Verbandes (DJV) unter www.journalist.de sowie beim Verband der Medizin- und Wissenschaftsjournalisten e. V. unter www.vmwj.de/allgemeines/berufseinstieg

9.2 Medizinische Informatik (Interview)

Um Ihnen weitere mögliche Impulse oder Ideen für eine berufliche Entwicklung außerhalb der Klinik geben zu können, habe ich mit drei Kollegen gesprochen, die ihren Pfad abseits der typischen Krankenhausstationen gefunden haben. Sven, Maria und Karl Phillip berichten von ihren ganz eigenen Karrierewegen.

Perspektive Medizinische Informatik: Als Arzt und Informatiker bei einem Softwarehersteller für Krankenhäuser

> „Man muss nur offen und ehrlich zu sich selber sein. Dann wird man auch das Passende für sich finden."

Gedruckte Röntgenbilder wird es bald vielleicht nur noch im Medizinmuseum zu bestaunen geben, die Zukunft der Medizin ist digital. Immer mehr Krankenhäuser stellen auf elektronische Patientenakten und digitale Archivierung aller Befunde um und verbessern ständig ihre diagnostisch-bildgebenden High-Tech-Computer wie CT und MRT. Auch die Kommunikation und Vernetzung unter den verschiedenen Akteuren des Gesundheitswesens ist noch lange nicht am Ende ihrer Entwicklung. Um diesen Wandel zu realisieren und auch der rasanten Entwicklung im Bereich IT gewachsen zu sein, werden, in den Krankenhäusern wie auch bei den Herstellern und Entwicklern, Medizininformatiker benötigt.

Sven ist 34 Jahre alt und approbierter Arzt sowie Medizininformatiker. Er studierte Humanmedizin an der Medizinischen Hochschule Hannover und später im Fernstudium Medizinische Informatik an der Beuth Hochschule für Technik in Berlin. Er berichtet uns von seiner Tätigkeit zwischen Software-Entwicklung, Optimierung von Abläufen und vor allem Kreativität bei einem Softwarehersteller für Krankenhäuser.

Interview

Interviewer: Was macht ein Arzt in der Medizinischen Informatik?

Sven: Das Schöne an der Medizinischen Informatik ist, dass sie so viele verschiedene Berufsperspektiven bietet. Ich bin derzeit im Bereich Krankenhausinformationssysteme bei einem Softwarehersteller als Berater tätig. Das bedeutet, dass ich mit dazu beitrage, dass unsere Software kundenindividuell und genau auf die Bedürfnisse des Krankenhauses angepasst und installiert wird.

I: Welche Fähigkeiten sollte man für das Studium der Medizinischen Informatik mitbringen? Was sind die Inhalte?

S: Interesse für Computer oder ein technisches Verständnis sind sicherlich vorteilhaft. Ebenso sollte man Spaß an mathematischen Fragestellungen haben, denn viele Inhalte wie

Statistik, Biometrie, Epidemiologie und Biosignalverarbeitung setzen einige mathematische Grundkenntnisse voraus.

Programmierkenntnisse sind nicht zwingend notwendig, auch wenn es einem mit Vorkenntnissen sicherlich leichter fällt. Ich selber habe vor meinem Medizinische-Informatik-Studium noch nie programmiert und dies dann erst von Grund auf erlernen müssen. Dabei ist es eher unerheblich, welche Programmiersprache man erlernt. Wichtig ist, dass man die Grundprinzipien versteht. Neben den eher technischen Inhalten wie Datenbanken, Datensicherheit, Datenschutz und Bildverarbeitung umfasst die Medizinische Informatik auch Themen wie medizinische Dokumentation, Medizintechnik, Informations- und Kommunikationssysteme und Gesundheitsökonomie.

I: Was hat Dich bewegt, von der kurativen Medizin in ein alternatives Berufsfeld zu wechseln?

S: Ich habe mein Medizinstudium immer als naturwissenschaftliches Studium begriffen und war von vornherein nicht sicher, ob ich wirklich Arzt im klassischen Sinne werden möchte. Zum Studienbeginn sah die Stellenlage auch eher so aus, dass es schwierig werden würde, eine Stelle als Arzt zu bekommen. Dass sich dies so dramatisch gewandelt hat, konnte zu dem Zeitpunkt noch keiner vorhersagen. Insofern hatte ich mir schon damals die Option offengehalten, nach meinem Abschluss nicht kurativ tätig zu werden.

Als ich dann meine Zeit als Assistenzarzt begonnen habe, habe ich für mich persönlich festgestellt, dass ich mich in der Rolle als Arzt einfach nicht sicher und wohl gefühlt habe. Ich bin da vermutlich meinen eigenen Erwartungen nicht gerecht geworden.

Die unattraktiven Arbeitsbedingungen wie hierarchische Krankenhausstrukturen und unflexible Arbeitszeiten wie Wochenend-, Schicht- oder Nachtdienste waren für meine Entscheidung in ein alternatives Berufsfeld zu wechseln, eher zweitrangig, da ich zu dem Zeitpunkt noch unter ganz guten Bedingungen arbeiten konnte. Allerdings hat alleine das Wissen, dass dies eher die Ausnahme war, und ich damit rechnen musste, dass sich das sehr wahrscheinlich für mich noch verschlechtern würde, mich in meiner Entscheidung eher bestärkt.

I: Gebrauchst Du noch viel von Deinem medizinischen Wissen?

S: Medizinisches Wissen verwende ich in meinem Job eher seltener. Allerdings ist das Wissen über den ärztlichen Arbeitsalltag und die verschiedenen Arbeitsabläufe im Krankenhaus für mich sehr hilfreich. Man kann dadurch mit dem Kunden auf einer viel besseren Basis kommunizieren und hat ein besseres Verständnis für die Bedürfnisse der Kunden.

I: Wie sieht ein klassischer Arbeitstag für Dich aus?

S: Ein Arbeitstag kann sehr unterschiedlich aussehen. In der Regel verbringe ich den Arbeitstag im Büro am PC. Meine Tätigkeiten können dabei das Verfassen von Fachkonzepten, Abstimmungen mit dem Kunden oder den Kollegen per Telefon, Online-Konferenz oder E-Mail-Korrespondenz, Arbeiten an der Software oder Durchführung von Tests, Vorbereitung, Durchführung und Nachbereitung von Präsentationen, Workshops und Schulungen umfassen. Neben der Bürotätigkeit fahre ich gelegentlich auf Dienstreise zu unseren Kunden innerhalb Deutschlands.

I: Vermisst Du manchmal die klinische Arbeit?

S: In der Regel vermisse ich die klinische Arbeit nicht. Wobei ich mich gerne auch an die früheren Kolleginnen und Kollegen und an manche Patientenbegegnungen zurückerinnere. Und auch manche praktische Tätigkeit wie Blut abnehmen, Punktionen durchführen oder kleinere operative Eingriffe hatten für mich ihren Reiz. Danach hatte man ja immer das Gefühl, etwas Handfestes und Sichtbares geleistet zu haben. Insofern juckt es mir manchmal schon in den Fingern, aber ich würde nicht unbedingt sagen, dass ich die ärztlich-kurative Tätigkeit wirklich vermisse.

I: Was gefällt Dir an Deinem jetzigen Job besser? Was ist der Reiz an der Medizinischen Informatik?

S: Die Arbeitszeiten und -bedingungen sind viel flexibler, und ich kann sie viel besser selber gestalten. Ich kann im Großen und Ganzen selber bestimmen, wann ich mit meiner Arbeit anfange und aufhöre. Und gelegentlich kann ich auch mal von zu Hause aus arbeiten, wenn es für mich besser passt. Natürlich alles in einem gewissen Rahmen. Gerade in Zeiten, wo viel zu tun ist, arbeitet man eher mehr als weniger, aber dann tue ich das aus eigenem Antrieb, weil ich gewisse Aufgaben erledigt wissen möchte.

Insgesamt ist die Medizinische Informatik aber so vielfältig und breit gefächert, dass man auch in ganz vielen anderen Bereichen arbeiten kann. Und gerade die Kombination, mein medizinisch-ärztliches Wissen mit eher technischem Knowhow zu verknüpfen, finde ich spannend. Vor allem beim Erarbeiten von Lösungsansätzen für die unterschiedlichsten Fragestellungen ist Kreativität und manchmal auch unkonventionelles Denken gefordert. Und gerade wir Medizininformatiker haben gelegentlich eine ganz andere Sicht und Wahrnehmung auf die Dinge und deswegen ganz andere Ideen. Software hat ja manchmal auch etwas leicht Spielerisches. Ideen zu haben, neue Dinge auszuprobieren und am Ende zu schauen, ob das, was man sich ausgedacht hat, genau den gewünschten Effekt hat, ist einfach spannend.

I: Wie sind die beruflichen Aussichten in der Medizininformatik für junge Kollegen? Wie wird die Zukunft dieses Berufsfeldes aussehen?

S: Die Berufsaussichten für Medizininformatiker sind eher gemischt. Zum einen gehen mittlerweile wieder weniger Absolventen in die alternativen Berufsfelder, sodass die Zahl der ärztlichen Medizininformatiker vermutlich wieder sinkt, zum anderen gibt es auch mehr Informatik-Studiengänge mit dem Schwerpunkt Medizininformatik, sodass man ggf. mit diesen Absolventen konkurrieren muss, auch wenn sie eher einen Fokus auf die technischen Inhalte haben. Krankenhäuser schauen immer stärker auf ihre Kosten, dabei versucht man natürlich auch an der IT zu sparen. Auch hier geht der Trend, gerade bei den Krankenhauskonzernen, dazu über, die IT-Landschaft zu harmonisieren, und das bekommen auch die Softwareunternehmen zu spüren.

Aber IT wird im Gesundheitsbereich immer eine Rolle spielen und deren Bedeutung vermutlich auch noch zunehmen, sodass es sich hierbei schon um einen zukunftsträchtigen Berufszweig handelt. Und gerade durch die vielfältigen Tätigkeitsfelder hat man auf dem Arbeitsmarkt eigentlich wirklich gute Chancen.

I: Gibt es im Beruf des Arztes aus Deiner Sicht typische Fallstricke, vor denen Du uns noch warnen kannst oder einen Tipp, den Du Kollegen im Berufseinstieg ans Herzen legen möchtest?

S: Gerade beim Berufseinstieg sind viele Kolleginnen und Kollegen unzufrieden. Zum einen durch Überforderung, durch Unsicherheit, mangelndes Feedback und zum anderen wegen der unangenehmen Arbeitszeiten. Und dabei stellen sich viele immer die Frage, ob es das ist, was man will. Manchmal ist es das falsche Fachgebiet, manchmal der falsche Arbeitgeber und manchmal auch der Arztberuf an sich. Wenn man diese Fragen aber für sich geklärt hat und weiß, welches Ziel man am Ende verfolgt, nimmt man auch einige Stolpersteine viel eher in Kauf, weil man weiß, wo die Reise hingeht. Gerade Kommilitoninnen und Kommilitonen, die wussten, was sie später werden wollten, waren meist viel zufriedener mit ihrem Beruf.

Und selbst wenn man es nicht weiß, kann man sich nicht wirklich falsch entscheiden, denn man kann später immer noch wechseln. Man muss nur offen und ehrlich zu sich selber sein. Dann wird man auch das Passende für sich finden.

Weitere Informationen finden Sie z. B. auf der Homepage des Berufsverbandes Medizinischer Informatiker e. V. (www.bvmi.de) und bei der Beuth-Hochschule für Technik (Online-Studium) in Berlin (www.beuth-hochschule.de).

! Während die Medizininformatik eine Schwerpunktausrichtung im Informatikstudium sein kann oder an der Technischen Fachhochschule Berlin z. B. als Ergänzungsstudium angeboten wird (welches neben Medizinern auch Informatikern offen steht), kann man als approbierter Arzt auch eine Zusatzbezeichnung „Arzt für Medizininformatik" erlangen, die Bestandteil der Weiterbildungsordnung für Ärzte ist. Weitere Informationen dazu gibt es bei der zuständigen Landesärztekammer sowie bei der Deutschen Gesellschaft für Medizinische Informatik, Biometrie und Epidemiologie (GMDS) in Bonn (www.gmds.de/organisation/zertifikate/zusatzbezeichnung_informatik.php).

9.3 Humanitäre Hilfe (Interview)

Perspektive Humanitäre Hilfe: Als Ärztin in einem medizinischen Hilfsprojekt auf den Philippinen

> „Insgesamt hat mich der Einsatz wieder sehr für den Arztberuf begeistern können – auch für meine Arbeit in Deutschland."

Die Teilnahme an medizinischen Hilfsprojekten und -einsätzen stellt zwar kein alternatives Berufsfeld im eigentlichen Sinne dar, kann aber den Arztberuf auf eine andere Weise als gewöhnlich mit Sinnhaftigkeit füllen und eine neue Perspektive schaffen.

Maria ist 32 Jahre alt, schloss mit 27 Jahren ihr Medizinstudium in Berlin ab und promovierte in der Infektiologie. Nach einer Zeit in der tropenmedizinischen Forschung sowie als Ärztin in Weiterbildung in der Inneren Medizin und Infektiologie an der Berliner Charité absolvierte sie einen sechs Monate dauernden Auslandseinsatz auf den Philippinen, um Humanitäre Hilfe zu leisten. Über diesen, für deutsche Assistenzärzte immer noch sehr besonderen Weg, hat sie uns einige Fragen beantwortet.

Interview

Interviewer: Wann stand für Dich fest, dass Du Humanitäre Hilfe leisten möchtest, und was waren Deine Beweggründe?

Maria: Es war schon als Jugendliche mein Traum, in einem tropischen Land zu arbeiten, da durch viele Bücher mein Interesse an diesen damals für mich „exotischen" Ländern geweckt wurde – Bücher, die in Südamerika oder Afrika spielen. Später kam dann auch mein großes fachliches Interesse an infektiologischen und tropenmedizinischen Krankheiten dazu. Ausschlaggebend war letztendlich, nach einiger Zeit in deutschen Krankenhäusern, wo es viel um Lebensverlängerung bei chronischen Krankheiten geht, in einem Umfeld arbeiten zu wollen, wo man sich primär um die akute Medizin kümmern darf. Ich wollte eine Zeit in einem Umfeld arbeiten, wo man mit recht einfachen Methoden viel erreichen kann, und wo akute Krankheiten wie Infektionen einen größeren Teil ausmachen, sodass man konkret mehr erreichen und bewirken kann und sich weniger um Organisatorisches kümmern muss.

I: Ist es Dir schwer gefallen, Dein Umfeld und Deine Facharztweiterbildung hier zunächst einmal zurückzulassen?

M: Ich war bereits als Studentin sehr viel im Ausland und bin daher daran gewöhnt. Außerdem habe ich sehr gute Freunde, auf die ich mich verlassen kann.

Die im Ausland absolvierte Zeit wird je nach Bundesland meistens für einen Zeitraum von 6 Monaten für die Facharztweiterbildung Innere Medizin oder die Zusatzbezeichnung Tropenmedizin anerkannt, bei mir hat das geklappt. Wichtig ist, sich vorher eine genaue Tätigkeitsbeschreibung zu besorgen und der zuständigen Ärztekammer mit einem Antrag auf Anerkennung für die Facharztweiterbildung einzureichen. Jedoch habe ich durch die Vor- und Nachbereitung und die Wartezeit für den Einsatz Weiterbildungszeit „verloren".

Die Facharztweiterbildung hatte mir bis zu diesem Zeitpunkt zwar viel Freude bereitet, trotzdem hatte ich das Gefühl, auch meinen Traum vom Arbeiten in den Tropen nicht aus den Augen verlieren zu dürfen. Ich war so gespannt darauf, wie man Menschen medizinisch direkt und ohne finanzielle Überlegungen helfen kann.

I: Welche Voraussetzungen und Fähigkeiten sind mitzubringen, um als Arzt in einen solchen Einsatz zu gehen?

M: Ganz grundsätzlich sollte man über Flexibilität und Anpassungsfähigkeit sowie eine schnelle Orientierung verfügen, um sich den neuen und ungewohnten Situationen anpassen zu können. Natürlich helfen eine gewisse körperliche „Tropentauglichkeit" sowie die Fähigkeit, alleine sein zu können, da es auf solchen Einsätzen auch teilweise sehr einsam sein kann. So viele Sprachkenntnisse wie möglich kommen einem ebenso zugute.

I: Hattest Du bestimmte Zweifel an Deinem Vorhaben oder Befürchtungen?

M: Da ich noch recht jung bin, hatte ich die Befürchtung, fachlich an meine Grenzen zu stoßen. Letztendlich hat sich die Befürchtung nicht bestätigt – zum einen, da die diagnostischen und therapeutischen Mittel beschränkt waren und zum zweiten, da ich auch Unterstützung durch erfahrenere Ärzte an meiner Seite hatte.

I: An welche Organisationen sollte man sich am besten wenden, um Hilfe zu leisten? Wie erfolgt die Einsatzplanung? Hast Du Dir die Philippinen als Ziel ausgesucht?

M: Mögliche Organisationen sind „Ärzte ohne Grenzen", „Ärzte für eine Welt", „German Doctors" oder „Cap Anamur". Außerdem gibt es mehrere christliche Organisationen, bei denen man sich informieren kann. Das Ziel für den eigenen Einsatz kann man sich bei den meisten Organisationen nicht aussuchen, ich hatte vorher auch nicht an die Philippinen als möglichen Einsatzort gedacht.

I: Wie sah Dein Alltag auf den Philippinen aus? Was waren Deine häufigsten ärztlichen Einsatzbereiche?

M: Um 8 Uhr ging ich mit meinen drei Kollegen auf Visite, wir hatten in der Regel ca. 30 stationäre Patienten. Nach der Visite hielten wir unsere Sprechstunden ab. Nach der Mittagspause gingen die Sprechstunden dann weiter. Gegen 17 Uhr erfolgte nochmal eine Abendvisite. Zusätzlich gab es pro Woche ein bis zwei 28-stündige Bereitschaftsdienste. Ich sah als „Internistin" überwiegend erwachsene Patienten, 20 % war etwa der Anteil an Kindern. Das Krankheitsspektrum reichte von Hautproblemen über akute Infektionen, Fieber und typische internistische Krankheiten wie Diabetes bis zu speziellen pädiatrischen Problemen, z. B. Kinder mit angeborenen Herzfehlern oder schwerer Unterernährung. Ein großes Problem auf den Philippinen ist die hohe Rate an Tuberkulosepatienten. Hierfür hatte das Krankenhaus auch eine spezielle Tuberkulosestation sowie ein ambulantes Programm mit speziell ausgebildeten Krankenschwestern, welches hervorragend funktionierte.

Zusätzlich zu der ärztlichen Arbeit führte ich regelmäßig Fortbildungen für die Krankenschwestern und Pfleger durch, was mir großen Spaß bereitet hat.

I: Was waren die wichtigsten Unterschiede zur Arbeit in einer deutschen Klinik?

M: Die Arbeitsatmosphäre war deutlich entspannter, es bestand weniger Zeitdruck, und ich hatte fast immer das Gefühl, mir genug Zeit für Patienten nehmen zu können. Das hat auch eine negative Seite, denn die Konsequenz ist, dass andere Patienten oft viele Stunden warten und nicht selten auch auf den nächsten Tag vertröstet werden mussten. Auch dort gab es Patientenakten und Dokumentation, aber die viele organisatorische Arbeit, um die man sich in Deutschland selber kümmert, z. B. Termine vereinbaren, Sozialdienst und Pflege organisieren, wurden von den personell gut besetzten Krankenschwestern und Pflegern übernommen. Dadurch hatte ich das Gefühl, mich ausschließlich auf die ärztliche Arbeit konzentrieren zu können. Auch Blutabnahmen, Braunülen legen, EKGs schreiben, Punktionen vorbereiten, Wundversorgung, Gipse anlegen etc. wurden vom Pflegepersonal übernommen, die Assistenz war hervorragend. Es fehlte natürlich an den technischen Möglichkeiten, die wir hier in Deutschland haben, und bei einigen Patienten konnten wir letztendlich das medizinische Problem nicht lösen, da wir keine Diagnose stellen konnten, was in Deutschland sicher anders gewesen wäre.

I: Welche diagnostischen Mittel hattet Ihr denn dort zur Verfügung?

M: Wir hatten ein Basislabor, ein Ultraschallgerät sowie die Möglichkeit, einfache Röntgenaufnahmen anzufertigen. Das ging also über die in Insiderkreisen sogenannte „Barfußmedizin" hinaus, worüber ich sehr froh war.

I: Ist es ein ganz anderes Gefühl, als Ärztin unter solchen Umständen helfen zu können?

M: Die Arbeit hat mir sehr viel Spaß bereitet und war sehr spannend und abwechslungsreich. Viele Menschen konnten geheilt werden, oder ihnen konnte deutlich geholfen werden, oft auch mit relativ einfachen Mitteln, das war sehr befriedigend. Insgesamt hat mich der Einsatz wieder sehr für den Arztberuf begeistern können, auch für meine Arbeit in Deutschland.

I: Was sind für Dich die wichtigsten Erfahrungen aus der Zeit, die Du für immer mitgenommen hast?

M: Neben den zahlreichen medizinischen Erfahrungen, die ich sammeln konnte, ist es insbesondere das philippinische Lebensgefühl, alles mit einer gewissen Gelassenheit zu nehmen und dann das Beste daraus zu machen. „Bahala na – Was sein wird, wird sein" ist das klassische Motto auf den Philippinen. Auch ich habe jetzt das Gefühl, entspannter geworden zu sein und auch mit Stress bei der Arbeit gelassener umgehen zu können.

I: Wovon lebt man während des Einsatzes? Warst Du besonders versichert? Kann man den Einsatz abbrechen?

M: Die Kosten des Einsatzes, i.d.R. Unterkunft, Verpflegung und Taschengeld, werden von der jeweiligen Organisation getragen. Manche Organisationen schließen auch umfassende Versicherungen ab, z.B. Ärzte ohne Grenzen.

Fühlt man sich von der Situation vor Ort, auch nach der Eingewöhnungszeit überfordert, kann man den Einsatz natürlich abbrechen. Der Einsatz ist ja nicht als Opfer gedacht.

Weitere Informationen finden Sie z.B. auf dem Online-Auftritt von „Ärzte ohne Grenzen" unter www.aerzte-ohne-grenzen.de.

9.4 International Health (Interview)

Perspektive International Health: Als Arzt an der globalen Entwicklung des Gesundheitswesens mitarbeiten und internationale Projekte organisieren

> „Die Arbeit in einer internationalen Gesundheitsorganisation stellt für mich die Berufsalternative Nummer eins dar."

Als Mediziner können Sie verschiedene Aufbaustudiengänge absolvieren, die bestimmte Qualifikationen vermitteln. Prominente Beispiele sind Public Health, Master of Business Administration in Health Care und der Masterstudiengang Medizin-Recht-Ethik. Einige Studiengänge stehen auch anderen Berufsgruppen wie Juristen oder Theologen offen und qualifizieren für die verschiedensten nicht-klinischen Berufsmöglichkeiten.

Der Masterstudiengang International Health kann außer von Medizinern auch von Biologen oder Pflegewissenschaftlern sowie anderen gesundheitsbezogenen Berufen belegt werden.

Warum er für Ärzte besonders interessant ist, verrät uns Absolvent Karl Phillip (31 Jahre), der den Studiengang derzeit absolviert. Er hat in Wien Medizin studiert, in Freiburg im Bereich Virologie promoviert, hat seit 2007 als Arzt in Weiterbildung für Innere Medizin in Berlin gearbeitet und gerade erfolgreich die Facharztprüfung absolviert. Er befindet sich im Master-Studiengang International Health an der Berliner Charité.

Interview

Interviewer: Was ist International Health und wie unterscheidet sich dieser Studiengang z. B. von Public Health?

Karl Phillip: Der Masterstudiengang International Health ist grob gesagt eine Kombination aus Public Health, Tropenmedizin, Health Economics und Epidemiologie. Hervorzuheben ist, dass im Rahmen des tropenmedizinischen Schwerpunktes klinische Elemente eine wichtige Rolle in der Ausbildung spielen, während beim Master für Public Health klinische Aspekte praktisch keine Rolle spielen.

I: Was war Dein Beweggrund, Dich für diesen Aufbau-Master zu entscheiden? Der klinische Bezug?

KP: Bereits nach dem ersten Jahr der Facharztweiterbildung an einer Uniklinik sehnte ich mich nach alternativen Berufsfeldern. Mir wurde klar, dass eine akademische Karriere in einem klinischen Fach auf Dauer nichts für mich ist. Ich habe gemerkt, dass diese Art von Arbeit mit meinen Lebenszielen, Einstellungen und dem von mir gewünschten Alltagsgefühl nicht vereinbar ist. Egal wie gewissenhaft man die schwere Arbeit im Krankenhaus verrichtet, der Effekt dieser Tüchtigkeit erscheint mir persönlich eher klein. Mir wurde klar, wie viel effektiver es sein kann, an den großen Schrauben des Systems zu drehen, und dass man so theoretisch deutlich mehr Menschen tatsächlich helfen kann, als wenn man sich als klinischer „Supermann" aufopfert. Die Arbeitsbedingungen sind teilweise immer noch schlecht, und die klinische Weiterbildung ist größtenteils zu wenig strukturiert, strapaziös. Die Weiterbildungsordnung für Innere Medizin beispielsweise empfinde ich als realitätsfern.

Schon immer habe ich mit einer Spezialisierung in der Tropenmedizin oder Entwicklungshilfe geliebäugelt. So konnte ich mich relativ leicht entschließen, den Kurs zu ändern und den Masterstudiengang in Berlin zu belegen. Der klinische Bezug kam mir natürlich aufgrund meiner internistischen Erfahrung entgegen, und der Facharzt für Innere Medizin blieb weiterhin ein berufliches Ziel, stand aber nicht mehr im Vordergrund. Ich begann mich mit Karrieremöglichkeiten in den Bereichen Public Health und International Health zu beschäftigen und sendete Bewerbungen für einen Studienplatz an verschiedene Hochschulen.

I: Welches berufliche Ziel verfolgst Du mit dem Master of International Health?

KP: Die Arbeit in einer internationalen Gesundheitsorganisation stellt für mich die Berufsalternative Nummer eins dar. Allerdings bin ich froh, den Facharzt für Innere Medizin gerade erworben zu haben, da eine Facharztbezeichnung heutzutage eine unvergleichbare finanzielle Absicherung bedeutet. Mein Ziel ist es jedoch, danach nicht mehr im klassischen klinischen Setting zu arbeiten.

I: Wo kann man International Health in Europa studieren?

KP: Es gibt ein Netzwerk von Universitäten, die diesen Masterstudiengang anbieten, es heißt tropEd (www.troped.org). Das Studium ist unter anderem in Amsterdam, London, Kopenhagen, Edinburgh und Bordeaux möglich. Ein Teil des Studiums muss sogar an fremden, ausländischen Hochschulen absolviert werden, da der internationale Bezug neben den klinischen Aspekten einen weiteren Schwerpunkt darstellt.

Ich habe mir die Charité in Berlin ausgesucht, da das Studium hier auch in Teilzeit über vier Jahre möglich ist, sodass man im Wechsel klinisch arbeiten kann, um Geld zu verdienen. Zudem werden in Berlin die geringsten Studiengebühren erhoben.

I: Wie ist das Studium aufgebaut, und was sind die wichtigsten Inhalte?

KP: Das Studium beginnt mit dem „Core Course", der etwa drei Monate dauert, bei dem Basiswissen in Tropenmedizin, Epidemiologie, Health Economics, Health Politics und Aufbau und Monitoring von Gesundheitsinterventionen und Programmen erworben wird. Es folgt die zweite Etappe: die „Advanced Modules". Das sind diverse Kurse verschiedener Unis, die man frei wählen kann. Es muss ein Minimum von 20 ECTS-Credits gesammelt werden (deren Akkreditierung nach Aufwand und Dauer des Kurses entschieden wird). Danach kann man mit der Master-Arbeit beginnen. Etwas aufwendig ist, dass man sich selbst um ein passendes Thema sowie um einen Supervisor kümmern muss, was andererseits eine große persönliche Freiheit bedeutet. Es kann spezielle Regelungen der einzelnen Unis geben, sodass in Berlin beispielsweise vor Absolvierung des Masters mindestens zwölf Monate relevante Berufserfahrung in einem Entwicklungsland gesammelt werden müssen.

I: Was sind klassische Tätigkeitsfelder für Ärzte mit Master in International Health?

KP: Sie arbeiten z. B. für nationale Gesundheitsorganisationen, Regierungen (GTZ, Gesundheitsministerien) oder nehmen die wissenschaftliche Laufbahn (z. B. für internationale tropenmedizinische Fragestellungen).

I: Können klinische Weiterbildung und International Health tatsächlich nebeneinander existieren?

KP: Da es sich in meinem Fall um ein Teilzeitstudium handelt, ist das möglich. Es ist allerdings manchmal anstrengend, während des Urlaubs Kurse und Seminare zu besuchen. Wenn man insgesamt ein langsames Tempo einhält, ist es aber machbar.

I: Welche neuen Erkenntnisse hast Du durch das Studium bisher erlangt?

KP: Im Medizinstudium wurde uns suggeriert, dass Ärzte die wichtigsten Akteure in einem Gesundheitssystem sind. Ich bin zu der Erkenntnis gelangt, dass Ärzte aber häufig eher wenig reflektierte „Vollstrecker" eines fragwürdigen Gesundheitssystems sind, die sich bei Reformen, Regulierungen und anderen wichtigen Entscheidungen noch zu wenig einmischen. Mediziner sind zu eindimensional ausgebildet und haben kaum die Zeit und die Kraft, sich mit gesundheitspolitischen Fragen zu beschäftigen.

I: Was kostet das Studium, und wie kann es finanziert werden?

KP: Man sollte bereits Geld verdient haben, um das Studium finanzieren zu können. Bis zum Abschluss gibt man grob geschätzt 15.000 € aus, was stark von den Gebühren der einzelnen Universitäten und der Wahlkurse abhängt.

I: Gibt es Fähigkeiten und Kenntnisse, die man unbedingt mitbringen sollte?

KP: Jeder, der sich für Politik, Wirtschaft, Soziologie, Geographie und z. B. Statistik interessiert, und diese Bereiche vielleicht sogar im Medizinstudium vermisst hat, kann sich von diesem Studium begeistern lassen. Wer den Master in International Health als eine rein medizinische Zusatzqualifikation sieht, kann schnell enttäuscht werden. Es sollte eine Motivation vorhanden sein, sich auch in gesellschaftliche und politische Fragen einzuarbeiten. Bestimmte Skills werden nicht erwartet.

I: Was kannst Du Deinen Kollegen im Berufseinstieg ganz allgemein mit auf den Weg geben?

KP: Seid offen und hört auf Euren Willen und Euer Herz, was die beruflichen Ziele angeht. Nur weil Ihr Medizin studiert habt, heißt das nicht, dass die Ausübung des Arztberufes in seiner klassischen Form für Euch die einzige vorstellbare Zukunft sein darf. Wir alle konnten als Studenten nicht ahnen, ob uns dieser Job, jene Weiterbildung oder Laufbahn, ein bestimmtes Krankenhaus etc. gefallen wird. Man muss es ausprobieren, und wenn es einem nicht gefällt, sollte man etwas an der Situation ändern. Lasst Euch nicht von Chefärzten oder Klinikverwaltungen ausnutzen, redet offen mit Euren Kollegen und sprecht

Probleme an. Wenn Ihr merkt, dass Eure Unzufriedenheit auch mit dem Inhalt der Arbeit zusammenhängt und nicht nur mit den Rahmenbedingungen, seid mutig und sucht Euch etwas Passenderes, z. B. in einem alternativen Berufsfeld.

Weitere Informationen zum Aufbaustudium International Health finden Sie u. a. auf der Homepage des Aufbaustudiums an der Berliner Charité, an der Karl Phillip studiert (http://internationalhealth.charite.de).

Auf einen Blick

1. Der Medizinjournalismus stellt ein alternatives Arbeitsgebiet dar, dass sowohl in Voll- wie in Teilzeit praktiziert werden kann – allerdings sind die Verdienstmöglichkeiten, vor allem zu Beginn, verhältnismäßig gering.
2. Wer Spaß an der Vernetzung seines medizinisch-ärztlichen Wissens mit technischem Knowhow hat, könnte in der Medizininformatik ein alternatives Tätigkeitsfeld finden.
3. Die Humanitäre Hilfe kann, bei geeigneter Qualifikation, ein weiteres alternatives Arbeitsfeld darstellen, gerade dann, wenn man daran interessiert ist, medizinische Basisarbeit zu leisten.
4. International Health fasst mehrere Aspekte (wie auch Public Health) zusammen und zielt auf die globale Entwicklung von Gesundheitssystemen und die Durchführung internationaler Projekte ab.
5. Egal, wofür Sie sich entscheiden: Eine klinische, akademische oder „alternative" Tätigkeit, wie sie hier dargestellt wurden – die Medizin ermöglicht Ihnen, in einem breiten und interessanten Spektrum genau das zu finden, worin Sie sich entfalten können.

Anhang: Weiterbildungsordnungen

Rahmenbedingungen der 33 Facharztweiterbildungen

Zusammengefasst sind hier die Empfehlungen der Bundesärztekammer (gemäß Musterweiterbildungsordnung), wobei zu jedem Fach die Besonderheiten/Abweichungen der **verbindlichen Weiterbildungsordnungen (WBOs)** der Landesärztekammern notiert sind. Bei näherem Interesse am Fachgebiet sollten die aktuellen Bestimmungen auf der Homepage der zuständigen Landesärztekammer (▶ Anhang) in jedem Fall überprüft werden (es gibt regelmäßig **Nachträge und Übergangsregelungen** bei Änderungen). Zudem entnehmen Sie die Details der einzelnen Facharztweiterbildungen der Inneren Medizin und Chirurgie bitte direkt den gültigen WBOs. Die in der Liste vermerkten Schwerpunktkompetenzen sind mögliche Vertiefungen bestimmter Fertigkeiten (aufbauend auf der jeweiligen Facharztweiterbildung).

Allgemeinmedizin

Weiterbildungszeit nach der Musterweiterbildungsordnung

60 Monate, davon
- **stationärer Teil:** 36 Monate (Innere Medizin Basisweiterbildung), davon bis zu 18 Monate in den Gebieten der unmittelbaren Patientenversorgung (auch ambulant möglich, 3-Monats-Abschnitte möglich)
- **ambulanter Teil:** 24 Monate hausärztliche Versorgung, davon können bis zu 6 Monate Chirurgie (auch 3-Monats-Abschnitte) abgeleistet werden

80 Stunden **Kursweiterbildung** Psychosomatische Grundversorgung

Besonderheiten der Landesärztekammern

Bayern: Statt Chirurgie sind 6 Monate bei einem an der hausärztl. Versorgung teilnehmenden ambulanten Kinder- und Jugendarzt absolvierbar.

Berlin: 60 Monate, davon fest: 18 Monate Allgemeinmedizin + 12 Monate Innere Medizin (mind. 6 Monate stationär) + 6 Monate Kinder- und Jugendmedizin, auch ambulant möglich (oder 6 Monate Gebiet der unmittelbaren Patientenversorgung + Kurs Kinder- und Jugendmedizin) + 6 Monate Chirurgie + 6 Monate Orthopädie und Unfallchirurgie + 12 Monate in einem Gebiet der unmittelbaren Patientenversorgung

Brandenburg: 6 Monate Chirurgie vorgeschrieben; von 18 Monaten in der unmittelbaren Patientenversorgung 3 Monate im öffentlichen Gesundheitswesen möglich

Hessen: vom ambulanten Teil 6 Monate Kinder- und Jugendmedizin möglich

Mecklenburg-Vorpommern: fest vorgeschrieben sind 12 Monate Innere Medizin (im Krankenhaus) + 6 Monate Chirurgie + 6 Monate Kinder- und Jugendmedizin + 3 Monate Orthopädie oder Physikalische Medizin + 6 Monate Chirurgie + 3 Monate Anästhesie + 18 Monate Allgemeinmedizin + 12 Monate in einem Gebiet der unmittelbaren Patientenversorgung oder im öffentlichen Gesundheitswesen; insg. mind. 24 Monate stationär; Innere Medizin, Kinder- und Jugendmedizin, Chirurgie und Anästhesiologie sollen zuerst absolviert werden. *Nordrhein:* Die 18 Monate der unmittelbaren Patientenversorgung müssen auf zwei Fächer aufgeteilt werden. *Rheinland-Pfalz:* Von 24 Monaten hausärztliche Versorgung sind 6 Monate Chirurgie oder Kinder- und Jugendmedizin möglich. *Sachsen-Anhalt:* Fest vorgeschrieben sind 6 Monate Chirurgie + 6 Monate Kinder- und Jugendmedizin. *Schleswig-Holstein:* nur bis zu 12 Monate in den Fächern der unmittelbaren Patientenversorgung anrechenbar; 6 Monate Chirurgie obligat *Westfalen-Lippe:* vom stationären Teil nur bis 12 Monate in einem Gebiet anrechenbar
Allgemeine Besonderheiten
Finanzielle Fördermöglichkeit der Facharztweiterbildung über die Kassenärztliche Vereinigung ist in einigen Bundesländern möglich.
Anästhesiologie
Weiterbildungszeit nach der Musterweiterbildungsordnung
60 Monate, davon • 48 Monate in der Anästhesiologie (davon bis zu 12 Monate in den Gebieten der unmittelbaren Patientenversorgung, bis zu 18 Monate ambulant möglich) • 12 Monate in der Intensivmedizin (6 Monate in der Intensivmedizin eines anderen Gebietes möglich)
Besonderheiten der Landesärztekammern
Berlin: Innerhalb der vorgeschriebenen Zeit ist mind. 1 Jahr bei einem Weiterbilder abzuleisten, der über den vollen Umfang der Weiterbildungszeit verfügt.
Anatomie
Weiterbildungszeit nach der Musterweiterbildungsordnung
48 Monate, davon • bis zu 12 Monate in der Pathologie und/oder der Rechtsmedizin, davon 6 Monate in anderen Gebieten möglich
Besonderheiten der Landesärztekammern
Berlin u. Hessen: keine Rechtsmedizin anrechenbar

Arbeitsmedizin
Weiterbildungszeit nach der Musterweiterbildungsordnung
60 Monate, davon • 24 Monate in der Inneren und/oder Allgemeinmedizin • 36 Monate Arbeitsmedizin, auf letztere können 12 Monate aus anderen Gebieten angerechnet werden **Kursweiterbildung:** 360 Stunden Arbeitsmedizin
Besonderheiten der Landesärztekammern
Berlin, Brandenburg u. Thüringen: 12 Monate Innere Medizin obligat
Augenheilkunde
Weiterbildungszeit nach der Musterweiterbildungsordnung
60 Monate, davon • bis zu 36 Monate **ambulant** möglich
Besonderheiten der Landesärztekammern
Berlin: Innerhalb der vorgeschriebenen Zeit ist mind. 1 Jahr bei einem Weiterbilder abzuleisten, der über den vollen Umfang der Weiterbildungszeit verfügt.
Biochemie
Weiterbildungszeit nach der Musterweiterbildungsordnung
48 Monate, davon • bis zu 12 Monaten in anderen Fachgebieten möglich
Chirurgie
Weiterbildungszeit nach der Musterweiterbildungsordnung
72 Monate, davon • 24 Monate Basisweiterbildung (davon 6 Monate Notaufnahme + 6 Monate Intensivmedizin, die auch später abgeleistet werden kann + 12 Monate in der Chirurgie, wovon 6 Monate ambulant möglich sind) • 48 Monate (in der Subspezialisierung d. gewählten Facharztkompetenz)
Mögliche Facharztkompetenzen
Allgemeinchirurgie; Gefäßchirurgie; Herzchirurgie; Kinderchirurgie; Orthopädie und Unfallchirurgie; Plastische und Ästhetische Chirurgie; Thoraxchirurgie; Viszeralchirurgie
Frauenheilkunde und Geburtshilfe
Weiterbildungszeit nach der Musterweiterbildungsordnung
60 Monate, davon • 6 Monate in einem anderen Gebiet möglich • bis zu 12 Monaten in den Schwerpunktweiterbildungen des Gebietes Bis zu 24 Monate im **ambulanten Bereich** möglich 80 Stunden **Kursweiterbildung** Psychosomatische Grundversorgung

Mögliche Schwerpunktkompetenzen

Gynäkologische Endokrinologie und Reproduktionsmedizin; Gynäkologische Onkologie; Spezielle Geburtshilfe und Perinatalmedizin

Hals-Nasen-Ohrenheilkunde

Weiterbildungszeit nach der Musterweiterbildungsordnung

60 Monate, davon

- 24 Monate als Basisweiterbildung (davon bis zu 12 Monate **ambulant** möglich)
- 36 Monate in der gewünschten Facharztkompetenz

Mögliche Facharztkompetenzen

- Hals-Nasen-Ohrenheilkunde (von 36 Monaten 6 Monate in Chirurgie, Pathologie, Anästhesiologie, Anatomie, Kinder- und Jugendmedizin, Mund-Kiefer-Gesichtschirurgie, Neurochirurgie oder Sprach-, Stimm- und kindliche Hörstörungen anrechenbar, 12 Monate ambulant anrechenbar)
- Sprach-, Stimm- und kindliche Hörstörungen (von 36 Monaten 6 Monate in Hals-Nasen-Ohrenheilkunde, Kinder- und Jugendmedizin, Kinder- und Jugendpsychiatrie und -psychotherapie, Neurologie oder Psychosomatische Medizin und Psychotherapie anrechenbar)

Besonderheiten der Landesärztekammern

Berlin: Innerhalb der vorgeschriebenen Zeit ist mind. 1 Jahr bei einem Weiterbilder abzuleisten, der über den vollen Umfang der Weiterbildungszeit verfügt.

Haut- und Geschlechtskrankheiten

Weiterbildungszeit nach der Musterweiterbildungsordnung

60 Monate, davon

- bis zu 30 Monate **ambulant** ableistbar

Besonderheiten der Landesärztekammern

Berlin: Zwischen 12 und 36 Monaten sind ambulant abzuleisten.

Mecklenburg-Vorpommern: Es können 6 Monate Chirurgie *und* 6 Monate Innere Medizin angerechnet werden.

Rheinland-Pfalz: Es können 6 Monate Chirurgie *oder* 6 Monate Innere Medizin angerechnet werden.

Humangenetik

Weiterbildungszeit nach der Musterweiterbildungsordnung

60 Monate, davon

- 24 Monate in der humangenetischen Patientenversorgung
- 12 Monate in einem zytogenetischen Labor
- 12 Monate in einem molekulargenetischen Labor
- 12 Monate in einem anderen Fach der unmittelbaren Patientenversorgung verpflichtend

Hygiene und Umweltmedizin
Weiterbildungszeit nach der Musterweiterbildungsordnung
60 Monate, davon • 12 Monate in der stationären Patientenversorgung anderer Gebiete Anrechenbar auf den Rest sind 12 Monate in den Gebieten Pharmakologie, Arbeitsmedizin, Mikrobiologie, Virologie und Infektionsepidemiologie, Öffentliches Gesundheitswesen.

Innere Medizin
Weiterbildungszeit nach der Musterweiterbildungsordnung
60–72 Monate, davon • 36 Monate stationäre Basisweiterbildung • 24–36 Monate in der gewählten Schwerpunktweiterbildung • 6 Monate in der internistischen Intensivmedizin 18 Monate davon können **ambulant** abgeleistet werden (nicht bei allg. Innere Medizin mit 60 Monaten Weiterbildungszeit).
Mögliche Facharztkompetenzen
Innere Medizin (allgemein) sowie Innere Medizin und Angiologie; Endokrinologie und Diabetologie; Gastroenterologie; Hämatologie und Onkologie; Kardiologie; Nephrologie; Pneumologie; Rheumatologie
Besonderheiten der Landesärztekammern
Thüringen: Auch bei allg. Innere Medizin mit 60 Monaten Weiterbildungszeit können bis zu 18 Monate ambulant abgeleistet werden.

Kinder- und Jugendmedizin
Weiterbildungszeit nach der Musterweiterbildungsordnung
60 Monate, davon • 6 Monate in der intensivmedizinischen Versorgung von Kindern und Jugendlichen • bis zu 12 Monate im Gebiet Kinder- und Jugendpsychiatrie und -psychotherapie, Kinderchirurgie oder 6 Monate in anderen Gebieten anrechenbar und bis zu 12 Monate in den Schwerpunktweiterbildungen des Gebietes anrechenbar Bis zu 24 Monate sind im **ambulanten Bereich** ableistbar.
Mögliche Schwerpunktkompetenzen
Kinder-Hämatologie und -Onkologie; Kinder-Kardiologie; Neonatologie; Neuropädiatrie; in einigen Bundesländern weitere Schwerpunkte wie Kinder-Pneumologie und Kinder-Endokrinologie
Besonderheiten der Landesärztekammern
Mecklenburg-Vorpommern: bis zu 3 Monate beim Kinder- und Jugendärztlichen oder Sozialpsychiatrischen Dienst anrechenbar

Kinder- und Jugendpsychiatrie und -psychotherapie
Weiterbildungszeit nach der Musterweiterbildungsordnung
60 Monate, davon • bis zu 12 Monate in Kinder- und Jugendmedizin, Neurologie, Psychiatrie und Psychotherapie, Psychosomatische Medizin und Psychotherapie, davon können 6 Monate in Neuropädiatrie angerechnet werden Bis zu 30 Monate können **ambulant** erworben werden.
Besonderheiten der Landesärztekammern
Berlin: nur bis zu 24 Monate im ambulanten Bereich; 6 Monate Neurologie anrechenbar *Niedersachsen:* 8 Stunden Kurs rechtliche Grundlagen suchtmedizinischer Betreuung
Laboratoriumsmedizin
Weiterbildungszeit nach der Musterweiterbildungsordnung
60 Monate, davon • 12 Monate in der stationären Patientenversorgung im Gebiet Innere Medizin oder Kinder- und Jugendmedizin • jeweils 6 Monate in einem mikrobiologischen Labor, einem infektionsserologischen Labor und einem immunhämatologischen Labor Anrechenbar sind bis zu 12 Monate Mikrobiologie, Virologie und Infektionsepidemiologie und bis zu 6 Monate Transfusionsmedizin.
Besonderheiten der Landesärztekammern
Mecklenburg-Vorpommern: 12 Monate Klinische Chemie sind Pflicht.
Mikrobiologie, Virologie und Infektionsepidemiologie
Weiterbildungszeit nach der Musterweiterbildungsordnung
60 Monate, davon • 12 Monate in der unmittelbaren Patientenversorgung verpflichtend • bis zu 12 Monate wahlweise in Hygiene und Umweltmedizin oder Laboratoriumsmedizin
Mund-Kiefer-Gesichtschirurgie
Weiterbildungszeit nach der Musterweiterbildungsordnung
60 Monate, davon • bis zu 12 Monate in der Chirurgie und/oder Anästhesie, Hals-Nasen-Ohrenheilkunde und/oder Neurochirurgie anrechenbar 24 Monate können **ambulant** erworben werden.
Besonderheiten der Landesärztekammern
Berlin: Innerhalb der vorgeschriebenen Zeit ist mind. 1 Jahr bei einem Weiterbilder abzuleisten, der über den vollen Umfang der Weiterbildungszeit verfügt.

Neurochirurgie
Weiterbildungszeit nach der Musterweiterbildungsordnung
72 Monate, davon • 48 Monate in der stationären Patientenversorgung • 6 Monate in der intensivmedizinischen Versorgung neurochirurgischer Patienten • bis zu 12 Monaten Chirurgie und/oder Neurologie, Neuropathologie und/oder Neuroradiologie oder bis zu 6 Monaten Anästhesiologie, Anatomie, Augenheilkunde, Hals-Nasen-Ohrenheilkunde, Kinder- und Jugendmedizin, Mund-Kiefer-Gesichtschirurgie anrechenbar
Besonderheiten der Landesärztekammern
Berlin: Bis zu 18 Monate können ambulant abgeleistet werden; innerhalb der vorgeschriebenen Zeit ist mind. 1 Jahr bei einem Weiterbilder abzuleisten, der über den vollen Umfang der Weiterbildungszeit verfügt.
Neurologie
Weiterbildungszeit nach der Musterweiterbildungsordnung
60 Monate, davon • 24 Monate auf der neurologischen Station • 12 Monate in der Psychiatrie und Psychotherapie oder Kinder- und Jugendpsychiatrie und -psychotherapie und/oder Psychosomatische Medizin und Psychotherapie • 6 Monate neurologische intensivmedizinische Versorgung Angerechnet werden können bis zu 12 Monate Innere Medizin und/oder Allgemeinmedizin, Anatomie, Neurochirurgie, Neuropathologie, Neuroradiologie und/oder Physiologie. 24 Monate sind **ambulant** möglich.
Besonderheiten der Landesärztekammern
Berlin: keine Allgemeinmedizin, Anatomie oder Physiologie anrechenbar *Mecklenburg-Vorpommern:* nur 6 Monate Psychosomatische Medizin und Psychotherapie anrechenbar *Niedersachsen:* Von 12 Monaten Psychiatrie und Psychotherapie können nur 6 Monate in Kinder- und Jugendpsychiatrie oder Psychosomatische Medizin und Psychotherapie angerechnet werden. *Thüringen:* 12 Monate in einer neurologischen Abteilung eines Akutkrankenhauses obligat
Nuklearmedizin
Weiterbildungszeit nach der Musterweiterbildungsordnung
60 Monate, davon • 12 Monate in der stationären Patientenversorgung, wovon 6 Monate in einem anderen Gebiet erworben werden können Bis zu 12 Monate der Radiologie sind anrechenbar.

Öffentliches Gesundheitswesen
Weiterbildungszeit nach der Musterweiterbildungsordnung
60 Monate, davon • 18 Monate im öffentlichen Gesundheitswesen, davon 9 Monate im Gesundheitsamt • 36 Monate in der unmittelbaren Patientenversorgung, davon mind. 6 Monate Psychiatrie und Psychotherapie **Kursweiterbildung**: 6 Monate (720 Stunden), hiervon können 3 Monate durch einen Postgraduierten-Kurs in Public Health ersetzt werden.
Besonderheiten der Landesärztekammern
Baden-Württemberg: Mindestens 6 Monate sollten im Gesundheitsamt absolviert werden. Ein erfolgreich abgeschlossenes Studium „Gesundheitswissenschaften (Public Health)" kann unter bestimmten Voraussetzungen mit 6 Monaten Weiterbildungszeit angerechnet werden und/oder die Kursweiterbildung ersetzen. *Bayern:* Die gesamte Weiterbildung erfolgt nach „Maßgabe der staatlichen Vorschriften". *Nordrhein:* 24 Monate entsprechend „Rechtsverordnung nach § 46 HeilBerNW"
Pathologie
Weiterbildungszeit nach der Musterweiterbildungsordnung
72 Monate, davon • 24 Monate Basisweiterbildung • 48 Monate in den Facharztkompetenzen
Mögliche Facharztkompetenzen
Neuropathologie (48 Monate, davon können bis zu 12 Monate in Neurochirurgie, Neurologie, Neuropädiatrie, Neuroradiologie und/oder Psychiatrie und Psychotherapie angerechnet werden); Pathologie (48 Monate, davon können bis zu 12 Monate in der unmittelbaren Patientenversorgung angerechnet werden)
Besonderheiten der Landesärztekammern
Rheinland-Pfalz: Bei beiden Facharztkompetenzen (Neuropathologie und Pathologie) 12 Monate Anatomie anrechenbar
Pharmakologie
Weiterbildungszeit nach der Musterweiterbildungsordnung
60 Monate, davon • 24 Monate Basisweiterbildung, wovon 12 Monate in der unmittelbaren Patientenversorgung Pflicht sind – kann auch später abgeleistet werden • 36 Monate in den jeweiligen Facharztkompetenzen
Mögliche Facharztkompetenzen
Klinische Pharmakologie (36 Monate, davon bis zu 12 Monate in der unmittelbaren Patientenversorgung möglich); Pharmakologie und Toxikologie (36 Monate)

Besonderheiten der Landesärztekammern

Hamburg: In der Schwerpunktkompetenz Pharmakologie und Toxikologie sind von den 36 Monaten 12 Monate in der unmittelbaren Patientenversorgung anrechenbar.

Physikalische und Rehabilitative Medizin

Weiterbildungszeit nach der Musterweiterbildungsordnung

60 Monate, davon

- 12 Monate in der stationären Patientenversorgung in der Chirurgie und/oder Frauenheilkunde und Geburtshilfe, Neurochirurgie und/oder Urologie
- 12 Monate in der stationären Patientenversorgung in Innerer Medizin und/oder Allgemeinmedizin, Anästhesiologie, Kinder- und Jugendmedizin und/oder Neurologie

Bis zu 24 Monate sind **ambulant** möglich.

Besonderheiten der Landesärztekammern

Berlin: 12 Monate ambulant möglich; keine Allgemeinmedizin anrechenbar
Hessen: keine Allgemeinmedizin anrechenbar

Physiologie

Weiterbildungszeit nach der Musterweiterbildungsordnung

48 Monate, davon

- bis zu 12 Monaten in anderen Gebieten möglich

Psychiatrie und Psychotherapie

60 Monate, davon

- 24 Monate in der stationären psychiatrischen und psychotherapeutischen Patientenversorgung
- 12 Monate in der Neurologie
- 12 Monate in der Schwerpunktweiterbildung
- 12 Monate in der Kinder- und Jugendpsychiatrie und -psychotherapie und/oder Psychosomatische Medizin und Psychotherapie

24 Monate sind **ambulant** möglich.

Mögliche Schwerpunktkompetenz

Forensische Psychiatrie (36 Monate Schwerpunktweiterbildung, davon können 12 Monate während der FA-Weiterbildung abgeleistet werden)

Besonderheiten der Landesärztekammern

Baden-Württemberg, Berlin, Brandenburg, Bremen, Hamburg, Hessen, Niedersachsen, Nordrhein, Rheinland-Pfalz, Saarland, Sachsen, Sachsen-Anhalt, Schleswig-Holstein, Thüringen, Westfalen-Lippe: 6 Monate Innere Medizin, Allgemeinmedizin, Neurochirurgie oder Neuropathologie anrechenbar

Baden-Württemberg: Forensische Medizin: mindestens 12 Monate stationär in einer Klinik oder Abteilung des Maßregelvollzuges, davon 6 Monate in einem psychiatrischen Haftkrankenhaus möglich

Brandenburg: 6 Monate im öffentlichen Gesundheitswesen anrechenbar

Mecklenburg-Vorpommern: 3 Monate Sozialpsychiatrischer Dienst möglich, jeweils 12 Monate Psychiatrie und Neurologie in einer Akutklinik sind Pflicht

Niedersachsen: 8 Stunden Kursweiterbildung: rechtliche Grundlagen der Suchtmedizinischen Grundversorgung

Thüringen: In der Forensische Psychiatrie sind 12 Monate Maßregelvollzug Pflicht.

Psychosomatische Medizin und Psychotherapie

Weiterbildungszeit nach der Musterweiterbildungsordnung

60 Monate, davon

- 12 Monate in der Psychiatrie und Psychotherapie, davon 6 Monate Kinder- und Jugendpsychiatrie möglich
- 12 Monate in der Inneren Medizin oder Allgemeinmedizin, davon 6 Monate in einem anderen Gebiet der unmittelbaren Patientenversorgung möglich

Bis zu 24 Monate sind **ambulant** möglich.

Besonderheiten der Landesärztekammern

Berlin: 36 Monate Weiterbildung in Psychosomatischer Medizin und Psychotherapie, davon mindestens 12 Monate stationär und mindestens 12 Monate ambulant + 24 Monate in einem Fach der unmittelbaren Patientenversorgung (ausgenommen Arbeitsmedizin und Humangenetik)

Mecklenburg-Vorpommern: 6 Monate Psychiatrie oder Kinder- und Jugendpsychiatrie in einer Akutklinik Pflicht

Rheinland-Pfalz: von 12 Monaten Psychiatrie und Psychotherapie sind 6 Monate Neurologie anrechenbar

Radiologie

Weiterbildungszeit nach der Musterweiterbildungsordnung

60 Monate, davon

- bis zu 12 Monate in der unmittelbaren Patientenversorgung und/oder in der Nuklearmedizin
- 12 Monate in den Schwerpunktgebieten anrechenbar

Mögliche Schwerpunktkompetenz

Kinderradiologie (36 Monate, anerkannt werden können 12 Monate stationäre Kinderchirurgie und/oder Kinder- und Jugendmedizin, 12 Monate können bereits während der FA-Weiterbildung abgeleistet werden); Neuroradiologie (36 Monate, davon können bis zu 12 Monate in der stationären Neurochirurgie und/oder Neurologie angerechnet werden, 12 Monate können bereits während der FA-Weiterbildung abgeleistet werden)

Rechtsmedizin
Weiterbildungszeit nach der Musterweiterbildungsordnung
60 Monate, davon • 6 Monate in der Pathologie • 6 Monate in der Psychiatrie und Psychotherapie oder Forensische Psychiatrie Es können 6 Monate aus den Gebieten Pathologie oder Anatomie, Öffentliches Gesundheitswesen, Pharmakologie und Toxikologie, Psychiatrie und Psychotherapie oder Forensische Psychiatrie angerechnet werden.
Strahlentherapie
Weiterbildungszeit nach der Musterweiterbildungsordnung
60 Monate, davon • 12 Monate in der stationären Patientenversorgung Es können 6 Monate aus einem anderen Fach der unmittelbaren Patientenversorgung angerechnet werden. Es können bis zu 12 Monate in der Radiologie und/oder Nuklearmedizin angerechnet werden.
Besonderheiten der Landesärztekammern
Berlin: Nuklearmedizin ist nicht anrechenbar
Transfusionsmedizin
Weiterbildungszeit nach der Musterweiterbildungsordnung
60 Monate, davon • 24 Monate in der stationären Patientenversorgung in der Chirurgie und/oder Inneren Medizin und/oder Allgemeinmedizin, Anästhesiologie, Frauenheilkunde und Geburtshilfe, Kinder- und Jugendmedizin, Neurochirurgie und/oder Urologie • bis zu 12 Monate Laboratoriumsmedizin anrechenbar, davon 6 Monate in der Mikrobiologie, Virologie und Infektionsepidemiologie 6 Monate sind **ambulant** möglich.
Besonderheiten der Landesärztekammern
Berlin: keine Allgemeinmedizin anrechenbar
Urologie
Weiterbildungszeit nach der Musterweiterbildungsordnung
60 Monate, davon • können 12 Monate in der stationären Patientenversorgung in der Chirurgie und 6 Monate in einem anderen Gebiet angerechnet werden Bis zu 12 Monate sind **ambulant** möglich.

Quellen

Musterweiterbildungsordnung d. Bundesärztekammer, Weiterbildungsordnungen der Landesärztekammern; Stand d. Datenerhebung: 01. 03. 2014, keine Gewähr

Anhang: Adressen der Ärztekammern

Ärztliche Selbstverwaltung
Kontakt zur Bundesärztekammer und zu den Landesärztekammern
Bundesärztekammer Herbert-Lewin-Platz 1, 10623 Berlin, Tel.: 030/400456-0, E-Mail: info@baek.de www.bundesaerztekammer.de
Landesärztekammer Baden-Württemberg Jahnstraße 40, 70597 Stuttgart, Tel.: 0711/769890, E-Mail: info@laek-bw.de www.aerztekammer-bw.de
Landesärztekammer Bayern Mühlbaurstraße 16, 81677 München, Tel.: 089/4147-0, E-Mail: info@blaek.de www.blaek.de
Landesärztekammer Berlin Friedrichstraße 16, 10969 Berlin, Tel.: 030/40806-0, E-Mail: kammer@aekb.de www.aekb.de
Landesärztekammer Brandenburg Dreifertstraße 12, 03044 Cottbus, Tel.: 0355/78010-0, E-Mail: post@laekb.de www.laekb.de
Landesärztekammer Bremen Schwachhauser Heerstraße 30, 28209 Bremen, Tel.: 0421/340420-0, E-Mail: info@aekhb.de www.aekhb.de
Landesärztekammer Hamburg Weidestraße 122b, 22083 Hamburg, Tel.: 040/202299-0, E-Mail: post@aekhh.de www.aerztekammer-hamburg.de
Landesärztekammer Hessen Im Vogelsgesang 3, 60488 Frankfurt, Tel.: 069/97672-0, E-Mail: info@laekh.de www.laekh.de
Landesärztekammer Mecklenburg-Vorpommern August-Bebel-Straße 9a, 18055 Rostock, Tel.: 0381/49280-0, E-Mail: info@aek-mv.de www.aek-mv.de
Landesärztekammer Niedersachsen Berliner Allee 20, 30175 Hannover, Tel.: 0511/38002, E-Mail: info@aekn.de www.aekn.de

Landesärztekammer Nordrhein Tersteegenstraße 9, 40474 Düsseldorf, Tel.: 0211/43020, E-Mail: aerztekammer@aekno.de www.aekno.de
Landesärztekammer Rheinland-Pfalz Deutschhausplatz 3, 55116 Mainz, Tel.: 06131/288220, E-Mail: kammer@laek-rlp.de www.laek-rlp.de
Landesärztekammer des Saarlandes Faktoreistraße 4, 66111 Saarbrücken, Tel.: 0681/4003-0, E-Mail: info-aeks@aeksaar.de www.aerztekammer-saarland.de
Sächsische Landesärztekammer Schützenhöhe 16, 01099 Dresden, Tel.: 0351/82670, E-Mail: info@slaek.de www.slaek.de
Landesärztekammer Sachsen-Anhalt Doctor-Eisenbart-Ring 2, 39120 Magdeburg, Tel.: 0391/6054-6, E-Mail: info@aeksa.de www.aeksa.de
Landesärztekammer Schleswig-Holstein Bismarckallee 8–12, 23795 Bad Segeberg, Tel.: 04551/8030, E-Mail: info@aeksh.org www.aeksh.de
Landesärztekammer Thüringen Im Semmicht 33, 07751 Jena, Tel.: 03641/6140, E-Mail: post@laek-thueringen.de www.laek-thueringen.de
Landesärztekammer Westfalen-Lippe Gartenstraße 210–214, 48147 Münster, Tel.: 0251/9290, E-Mail: posteingang@aekwl.de www.aekwl.de

Quelle: Bundesärztekammer, Landesärztekammern

Sachverzeichnis

A

B

C

D

E

F

G

H